Das erste Jahrhundert russischer Kartographie 1525—1631

und

die Originalkarte des Anton Wied von 1542.

Von

H. Michow.

Mit einer Text-Abbildung und 4 Karten.

Sonderabzug aus den Mitteilungen der Geographischen Gesellschaft
in Hamburg, Band XXI.

—

HAMBURG:

L. Friederichsen & Co.

(Inh.: Dr. L. **Friederichsen**).

1906.

Inhalt:

Abbildungen:

Karten:

Das erste Jahrhundert russischer Kartographie 1525—1631

und

die Originalkarte des Anton Wied von 1542.

Von **H. Michow.**

Es ist uns eine geläufige Vorstellung, dass während des Mittelalters der Osten Europas, vom Westen getrennt, seine eigne Entwicklung durchgemacht hat. So gingen die Epoche der Kreuzzüge, sowie die Wiederbelebung des klassischen Altertums und die Reformation, die das westliche Europa bis auf die Grundfesten erschüttert haben, an Russland spurlos vorüber, und noch weit über das Mittelalter zählte Russland seine Jahre nach Erschaffung der Welt. Wie weit die geographische Konfiguration des Landes daran schuld war, indem die Kultur der Mittelmeerländer durch die dazwischen liegenden pontischen Steppenlandschaften von Gross-Russland ferngehalten wurde, hat kürzlich von neuem Dr. *Max Friederichsen* in einem Vortrage vor der Hamburger Geographischen Gesellschaft betont.[1])

So kam es, dass bei Beginn der Neuzeit wie die Neue Welt im Westen, so Russland im Osten förmlich neu entdeckt werden musste.

Seitdem das Tatarenjoch abgeschüttelt worden, und seitdem nach Beseitigung der Teilfürstentümer ein Grossrussisches Reich sich zu konsolidieren begonnen hatte, kamen noch andere Beweggründe hinzu, welche einer Annäherung zwischen Russland oder Moskowien, wie es damals hiess, und der Kulturwelt Westeuropas hinderlich waren, vor allem der politische und religiöse Antagonismus zwischen Russland einerseits und seinen unmittelbaren westlichen Nachbaren, besonders

[1]) Vgl. Deutsche Geogr. Blätter, XXVIII, p. 73 ff., Bremen 1905.

Polen, andererseits. Beide suchten gelegentlich die Hilfe der Krim-Tataren gegeneinander auszuspielen. Wie eine schwere Masse lag im 16. und 17. Jahrhundert Polen zwischen dem Osten und Westen, die von beiden Seiten unübersteigbar schien. Erst am Ende des 17. Jahrhunderts (1686) wurde von Russland aus der Verkehr durch Polen nach dem Westen freigegeben.[2])

Im Osten war man, aus allgemeinem Misstrauen gegen das Ausland, gar nicht geneigt sich entdecken zu lassen, und noch im Jahre 1612 schreibt der Holländer *Isaak Massa,* wie schwer es ihm gemacht werde, in Moskau etwas Näheres über das Land im Osten zu erfahren.[3])

Was man von den Zuständen in Russland hörte, konnte dem Russischen Reiche auch nicht gerade die Sympathie des Westens erwerben. Nicht nur fremdartig, sondern auch abstossend schienen die Institutionen des Staates und die Sitten des Volkes. Der Grundcharakter aller im 16. Jahrhundert über Russland veröffentlichten Werke und der Berichte aller, die in persönlichen Verkehr mit Russland gekommen waren, war der, dass der despotische Staat, obwohl christlich, nichts gemein habe mit den westeuropäischen Staaten, dass ein Anschluss Russlands an die westeuropäische Kulturwelt weder wünschenswert noch überhaupt tunlich sei[4]). Wurden doch die Berichte des Engländers *Giles Fletcher*[5]) über Russland in England unterdrückt, weil man befürchtete, die freimütigen Äusserungen desselben über das russische Regierungssystem würden in Moskau Anstoss erregen und die mühsam angeknüpften Handelsverbindungen stören.

Auch die westeuropäischen Staaten suchten ihrerseits das Eindringen kulturellen Fortschrittes, besonders auf technischem Gebiete, aus Furcht vor Stärkung des Russentums, auf jede Weise zu hintertreiben. Als z. B. im Jahre 1547 der Deutsche *Hans Schlitte* aus Goslar vom russischen Grossfürsten beauftragt wurde[6]), in Deutschland

---

[2]) *A. Brückner,* Geschichte Russlands bis zum Ende des 18. Jahrhunderts, Gotha 1896, I. p. 11. — *Fr. v. Adelung,* Übersicht der Reisenden in Russland bis 1700, St. Petersburg 1846, p. 157.

[3]) *Isaak Massa,* histoire des guerres de la Moscovie, par *Obolensky et Van der Linde,* Bruxelles 1866 p. 285: »cum Russis maxime displiceat, si exteris secreta regni innotescant«. Genauere Zitate weiter unten!

[4]) *A. Brückner,* l. c. p. 91.

[5]) *G. Fletcher,* of the Russe-Common-Wealth, or, manner of government by the Russe-Emperor. London 1591, 4°.

[6]) *Ernst Herrmann,* Geschichte des russischen Staates, Hamburg 1846, III p. 130.

Künstler und Gelehrte, Handwerker und Gewerbtreibende für Russland anzuwerben, und im vermeintlichen Interesse des katholischen Glaubens vom deutschen Kaiser die Erlaubnis dazu erteilt worden war, und *Schlitte* nicht weniger als 123 Personen aus den verschiedenen Berufsständen engagiert und schon bis Lübeck zur Weiterreise nach Moskau geschafft hatte, wurde auf Betrieb des livländischen Herrenmeisters, der den Kaiser im letzten Augenblick vor der Unterstützung russischer Kulturbestrebungen gewarnt hatte, *Schlitte* ins Gefängnis geworfen und dadurch die ganze Expedition zerstreut.

Ähnlich warnte der römisch-katholische König von Polen die Königin *Elisabeth von England* vor dem Handelsverkehr mit Russland, welches sonst instand gesetzt würde, allerlei nützliche Kenntnisse sich anzueignen.

Und doch haben gerade der politische wie der religiöse Antagonismus zwischen Osten und Westen zu eingehender Kenntnisnahme russischer Zustände, sowie zu kartographischer Fixierung der erkundeten Nachrichten über Russland geführt: so die Verhandlungen, welche Pabst *Clemens VII* behufs Wiedervereinigung der römischen mit der griechischen Kirche mit Moskau anknüpfte, und die politischen Sendungen *Herberstains,* welch letzterer wegen seiner weitverbreiteten Nachrichten über Russland wohl der Wiederentdecker dieses Landes genannt wird.

In der 2. Hälfte des 16. Jahrhunderts waren es die Handelsverbindungen, welche durch die von Norden kommenden Engländer und Holländer mit Russland angeknüft wurden, die trotz der ungünstigen politischen Verhältnisse einige Aufklärung über das unbekannte Land brachten, besonders auch zuerst genauere Breitenbestimmungen veranlassten.

Die kartographischen Darstellungen, welche sich den Berichten über Russland anschlossen, spiegeln die Schwierigkeiten wieder, mit denen die Berichterstatter über Russland zu kämpfen hatten und sind wohl geeignet, die damals erkundeten Nachrichten zu unterstützen und zu veranschaulichen.

Wir haben in der ältern Kartographie Russlands 2 Perioden zu unterscheiden: die Karten des 16. Jahrhunderts beruhen ohne Ausnahme auf nur mündlichen Erkundigungen, die von Westeuropäern eingezogen waren, während die seit dem Beginne des 17. Jahrhunderts uns überlieferten Karten von Russland, wenn auch durch westeuropäische Karten ergänzt und verbessert, doch teilweise auf russische Vorlagen zurückzuführen sind.

Die durch solche Kombination geschaffenen Karten beherrschen das erste Drittel des 17. Jahrhunderts; neues wird dann vorläufig nicht geschaffen, die Kartographie Russlands zehrt von dem bisherigen und schlummert, bis unter Peter dem Grossen infolge wissenschaftlicher Vermessungen für die russische Kartographie eine neue Periode beginnt. Unsere zweite Periode schliesst mit *Piscators* Karte von 1631.

Nachdem von Dr. *Walter Ruge* die bisher verschollene Originalkarte *Anton Wied's* in Helmstedt wiederaufgefunden[7]) und in liebenswürdiger Weise mir zur Veröffentlichung überlassen worden war, hielt ich es für angezeigt, bei dieser Gelegenheit etwas weiter auszugreifen und an der Hand einiger neuerer russischer Arbeiten über das ganze erste Jahrhundert russischer Kartographie eine Übersicht zu geben. Ich hoffe damit eine Lücke auszufüllen, welche in unserer westeuropäischen Bibliographie leider noch vorhanden ist. Die zu obigem Zwecke von mir herangezogenen russischen Schriften habe ich weder in den mir zugänglichen Literaturberichten, noch in *Baschin's* sonst mustergiltiger Bibliographia Geographica erwähnt gefunden. Es ist daher rein dem Zufalle überlassen gewesen, ob und was man bei uns von diesen Arbeiten erfuhr, zumal auch unsere grossen Staatsbibliotheken, wie es scheint, dergleichen Schriften nicht führen.

Wenn ich demnach keineswegs glaube, dass ich hinreichend über die einschlägige Literatur orientiert sei, so glaube ich doch, dass die nachbenannten wenigen Schriften eine genügende Grundlage bilden, auf der sich später eine Geschichte der älteren russischen Kartographie aufbauen liesse.

Es sind dies folgende Schriften[8]), sämtlich in russischer Sprache:

I. Materialy po isstorii russkoj kartografii, d. i. Materialien zur Geschichte russischer Kartographie;

---

[7]) Näheres weiter unten!

[8]) Von anderen, nur gelegentlich zitierten Schriften werde ich die Titel, bei Gelegenheit, unter dem Striche geben. — Bei Transskription der Namen und Titel aus dem Russischen habe ich den von Dr. *Max Friederichsen* in seinen Abhandlungen über die Geographie des asiatischen Russlands angewandten Modus befolgt, cf. Zeitschrift d. Ges f. Erdk. zu Berlin, Bd. 34, 1899 p. 3.

Von obigen 4 russischen Schriften habe ich nur *Sstebnizkij's* Abhandlung in einem Literatur-Verzeichnis gefunden und zwar in der Zeitsch. d. Ges. f. Erdk. zu Berlin, Bnd. 24 p. 463, wo dieselbe falsch zitiert ist als „Generalkarte" statt „Originalkarte" des eur. Russlands. — Dieselbe Abhandlung wird auch von *Tschetschulin* in oben genannter Schrift (Nr. IV) falsch zitiert und zwar unter dem entstellten Namen *Sstrjelbizkij*.

herausgegeben von der „Kiewer Kommission zur Entzifferung alter Schriftdenkmäler", unter Redaktion von *W. Kordt*, Lief. I mit Atlas von 32 Karten, fol., Kiew 1899.

II. *N. Bokatschew.* Geografitschesskija karty Rossii, d. i. Geographische Karten Russlands. St. Petersburg 1892, 8°.

III. *J. J. Sstebnizkij.* Perwaja iswjesstnaja originalnaja russkaja karta ewropejsskoj Rossii, d. i. die erste bekannte russische Originalkarte des europäischen Russlands. St. Petersburg 1889 (Isw. Imp. R. Geogr. Obschtsch. t. 25, p. 105—9).

IV. *N. Tschetschulin.* O tak nasywaemoj kartje zarewitscha Feodora Borissowitscha Godunowa, d. i. Über die sogenannte Karte des Zarewitsch Feodor Borissowitsch Godunow. (Vortrag in der Kaiserl. Russ. Archäol. Ges. Nov. 1902.)

Von den genannten Schriften habe ich die der Kiewer Kommission vorangestellt, weil sie am umfassendsten ist, und der Redakteur zugleich kritisch zu Werke geht, d. h. die Karten nicht einfach zeitlich ordnet, sondern, wie wir sehen werden, gewisse Typen aufstellt, unter welche er die oft unter den verschiedensten Autornamen gehenden Karten einordnet und dadurch das Material übersichtlich gestaltet. Die Sammlung umfasst das oben von mir begrenzte Jahrhundert und gibt die Haupttypen sowie einige wenig abweichende Nebenformen in tadellosen Reproduktionen. Der Text gibt nur bibliographische Mitteilungen über die Karten, dieselben aber in grosser Ausführlichkeit.

In der zweitgenannten Schrift gibt *Bokatschew* einen nur zeitlich geordneten Katalog seiner Sammlung russischer Karten, ohne kritische Sichtung. Das Material ist reichhaltig; der Besitzer hat viele Jahre gesammelt und dabei keine Kosten gescheut. Der Katalog umfasst die Kartographie Russlands bis 1892; die für meine Arbeit massgebende Abteilung gibt auf 20 Seiten 40 Nummern[9]), zur Hälfte Dubletten; alle mit bibliographischen Notizen oder sachlichen Erläuterungen, meist nur Inhaltsangaben. Reproduktionen von Karten gibt er nicht, dagegen sehr gewissenhaft die zur Rekognoszierung von Karten nötigen Angaben über Grösse und Technik, sowie auch

[9]) Es fehlen ihm die Nummern IX und XI der Kiewer Sammlung, während von wichtigen Karten sowohl bei *Bokatschew* wie in der Kiewer Sammlung fehlen: Die Karte ***Massa's*** von 1611 und ***Hessel Gerards*** von 1613. Siehe weiter unten!

die nötige Auskunft über einige in Russland in neuerer Zeit hergestellte Reproduktionen älterer Karten, die in Westeuropa unbekannt zu sein scheinen, vielleicht als Privatdrucke gar nicht im Buchhandel erschienen sind.

Die beiden letztgenannten Schriften (III u. IV) beziehen sich nur auf die verschiedenen Redaktionen der Karte *Hessel Gerards,* und zwar die Arbeit *Sstebnizkij's* auf die Ausgabe von 1614, die *Tschetschulin's* auf beide Ausgaben, von 1613 und 1614. Da die letztere von beiden Schriften durch ihre eingehende Kritik für den 2. Abschnitt unserer Periode geradezu bahnbrechend und klärend wirkt, so werde ich dieser Arbeit einen besondern Abschnitt widmen, um sie in möglichster Ausführlichkeit wiedergeben zu können.

Im letzten Abschnitt werde ich die älteste gedruckte Karte von Gesamt-Russland, die neuaufgefundene Karte *Anton Wied's von 1542* besprechen.

A. Die Kiewer Sammlung.

Ihre Entstehung verdankt die Sammlung dem von russischen Gelehrten oft geäusserten Wunsche, dass im Interesse des Unterrichtes in der vaterländischen Geschichte ein historisch geographischer Atlas Russlands hergestellt werde.

Als nun für den 11. Russischen Archäologischen Kongress im Jahre 1899 Kiew als Sitz der Tagung in Aussicht genommen war, beschloss die in Kiew beheimatete „Kommission zur Entzifferung alter Schriftdenkmäler“ den Kongress mit der Herausgabe der vorliegenden Sammlung zu begrüssen.

Dieselbe enthält ausser Karten unserer Periode (von 1525—1650) in den ersten Nummern noch einige ältere Karten, welche eigentlich nur dartun können, dass man über den Osten Europas noch im Anfang des 16. Jahrhunderts sehr verkehrte Vorstellungen hatte.

Ich werde die Karten in der Reihenfolge besprechen, wie sie der Verfasser in dem begleitenden Texte aufeinander folgen lässt, da die Aufeinanderfolge der 32 Reproduktionen nicht systematisch dem Texte entsprechend angeordnet ist, sondern sich nach der Möglichkeit, die verschieden grossen Blätter räumlich unterzubringen, richten musste. Nur wo mir eine offenbare Lücke zu sein schien, versuchte ich das Fehlende nach meiner eigenen Sammlung zu ergänzen.

Die Karte des Schwarzen Meeres

aus dem Portolan des *Gratiosus Benincasa* von 1474 (Nr. I der Sammlung).

Dieselbe war bisher nicht veröffentlicht und findet sich handschriftlich auf der Universitätsbibliothek von Kiew. Als Küstenkarte schneidet sie mit dem Unterlaufe der pontischen Flüsse ab. Sie stimmt in den Konturen des Meeres genau mit der von *Nordenskjöld*[10]) publizierten „carta navigatoria" desselben *Gratiosus Benincasa,* letztere bezieht aber auch das Hinterland mithinein, wo der Borysthenes und Don auf hohen Gebirgen entspringen, im übrigen die weite Ebene leer erscheint.

Die Karte des Nicolaus Cusanus von 1491.[11])

Sie umfasst Mittel-Europa, also auch die westlichen Teile Russlands. In ihrer „Sarmatia terra Europa" erheben sich noch erhebliche Bergmassen, aus denen nach allen Seiten die Flüsse ablaufen; ihre Quellen sind mit Gewalt dahin gezerrt worden.

Der Verfasser gibt nicht eine Kopie der Karte selber, sondern stellt sie nur an die Spitze eines Karten-Typus, welchem er folgende einordnet: Die Karte aus *Hartmann Schedels* liber cronicarum, Norimbergae 1493, auf der nur 2 russische Städte, Nogradum und Plesgo, sich finden; ferner die „Tabula Moderna Poloniae, Ungariae, Bosniae, Germaniae, Russiae, Lithuaniae" des römischen *Ptolemaeus* von 1507; die „Tabula Moderna Sarmatiae Eur. sive Hungariae, Poloniae, Russiae et Walachiae" aus dem Strassburger *Ptolemaeus* von 1513.

Als Beispiel dieses *Cusa*nischen Typus ist eine Reproduktion der zuletztgenannten Karte gegeben (Nr. II der Sammlung). Sie veranschaulicht sehr gut, obwohl sie „tabula moderna" heisst, die alten ptolemaeischen Anschauungen vom Osten Europas: Das Hineinziehen der Riphaeischen Bergketten, etwa als Fortsetzung der Sudeten,

---

10) Periplus tab. XXIII.

11) Nach *W. Wolkenhauer* (Bremen, Deu. Geogr. Bl. 27 p. 98) sind jetzt 4 Originaldrucke der Cusa-Karte bekannt. Zugleich hat *Aug. Wolkenhauer* (l. c. 26 Heft 3/4) nachgewiesen, dass sämtliche 4 Cusa-Karten in 1530 oder später gedruckt worden sind, nachdem *Conrad Peutinger* die viel ältere Platte gekauft und dem Baseler Buchdrucker *Cratander* zur Publikation übergeben hatte. Wenn trotzdem ein Cusa-Typus beibehalten werden soll, so kann dies nur so verstanden werden, dass sämtliche Karten dieses Typus, die Cusanische einbegriffen, einem gemeinschaftlichen (etwa Ptolemaeischen) Urbilde nachgeformt sind.

ins nordöstliche Europa, die Verschiebung des Pontus Euxinus soweit nach Norden, dass zwischen dem Pontus und dem Mare Sarmaticum (Ostsee) gar kein Platz bleibt für ein grösseres Staatengebilde.

Da hier aber der Borysthenes (Dnjepr) und die westliche Dwina die äussersten Flüsse im Osten sind, so würde zur Veranschaulichung der vom Altertum übernommenen Vorstellungen eine Karte von ganz Europa, etwa die jetzt bekanntgewordene Original-Weltkarte *Waldseemüller's* von 1507 bessere Dienste leisten. Die Tabula Moderna des *Ptolemaeus* von 1525, die im Texte auch herangezogen wird, scheint mir dem *Cusa*nischen Typus ferner zu stehen, als *Waldseemüller's* Weltkarte.

Die Karte des Battista Agnese von 1525.

Mit dieser Karte beginnen die Karten, die auf Grund persönlicher Erkundigungen das damalige Moskowien zur Darstellung bringen. Unsere Karte gehört zur Schrift des römischen Arztes *Paolo Giovio,*[12]) der auf Befehl des Pabstes den russischen Gesandten *Gerassimow* über Russland ausfragte und zu seiner Niederschrift durch *Battista Agnese* eine Karte entwerfen liess, die in jener Schrift wohl versprochen, aber damals garnicht gedruckt wurde. Sie befindet sich noch heute als Manuskript auf der Marcus-Bibliothek in Venedig und ist erst im Jahre 1871 durch den Buchhändler *Ongania* in Venedig zugleich mit vielen andern handschriftlichen Karten italenischen Ursprungs veröffentlicht worden.[13])

Nach jener Photographie habe ich früher eine Zeichnung der Karte hergestellt, dieselbe in diesen „Mitteilungen" im Jahre 1884 publiziert und mit ausführlichem Nachweis über ihre Zugehörigkeit zur Schrift des *Paulus Jovius* begleitet.[14])

Der Redakteur der Kiewer Sammlung gibt als Nr. III eine Kopie dieser Hamburger Reproduktion und schliesst sich textlich meinen Ausführungen an. Bei *Bokatschew* ist diese Karte Nr. VI.

Sie führt den Titel: Moscoviae tabula relatione dimetrii legati descrypta sicuti ipse a pluribus accepit, cum totam provinciam minime peragrasse fateatur, anno MDXXV, Octobris.

---

[12]) *Pauli Jovii* libellus de legatione Basilii Magni Principis Moschoviae ad Clementem VII, Rom 1525.

[13]) „Raccolta di Mappamondi e carte nautiche del XIII al XVI seculo" mit begleitendem Text von Prof. *Th. Fischer*, das Ganze unter dem Titel „Sammlung mittelalterlicher Welt- und Seekarten italienischen Ursprungs", erläutert und herausgegeben von *Theob. Fischer,* Venedig 1886.

[14]) Mitt. der Geogr. Gesellschaft in Hamburg für 1882/83, p. 100—187.

Wie im Texte sind auch auf der Karte topographische Einzelheiten, die zur Orientierung in dem weiten Gebiete dienen konnten, die Hauptsache; von einer Staatenbildung fehlt jede Spur, also auch von Abgrenzungen der Nachbarländer; das Land erscheint völlig eben, an Stelle der Riphaei und Hyperborei Montes des Altertums und Mittelalters treten hier, nach Vorgang der arabischen Geographen des Mittelalters, gewaltige Quellseen, um den Wasserreichtum der grossen Ströme zu erklären. Sieben Tributäre der Wolga, wie vier Tributäre der nördlichen Dwina, entspringen je aus einem solchen See, und die Wolga selber hat mit Dnjepr und der westlichen Dwina einen gemeinschaftlichen Quellsee „Palus magna".

Die Karte ist mit Breitenskala am Rande versehen. Danach läge Tana an der Don-Mündung ca. 4° zu weit nach Norden, noch nördlicher Astrachan (Citrachan der Karte) am Kaspischen See, der vollständig die altertümliche ostwestliche Längsachse hat. Von grösster Bedeutung könnte die textliche Mitteilung sein, dass im Norden eine Umfahrt des Landes nach China möglich sei.[15]) Dem entspricht die Gestaltung der Nordküste, die von der Dwina-Mündung nach Westen und Osten geradlinig in die Ferne verläuft, wie in der deutschen Ausgabe des Textes zu lesen ist: „Der Dividna-Fluss (Dwina) in welchen unzahlbarlich viel Wasser laufen, fähret mit grossem Gewalt gegen Mittnacht, da dann das Meer trefflich gross ist; also dass man von demselbigen Ort, wann man mit Schiffen der rechten Hand nach an dem Gestade fürzeucht, zuletzt gen Cathay kommen mag . . . ".

Ohne Zweifel sind diese Ausführungen, auch ohne Karte, von Einfluss auf die Fahrten der Engländer gewesen, welche 1553 den Weg nach China suchten, aber nur zur Dwina-Mündung kamen und so Russland von Norden her entdeckten.

Der Don ist auffallend richtig gezeichnet, als isolierter Fluss ohne Bifurkation mit Nebenflüssen der Wolga, wie sonst stets im 16. Jahrhundert. Nur Tula, mit dem Zusatze „ex lapide constructa" ist viel zu weit nach Süden geraten.

Der Ob fehlt noch gänzlich, obwohl er nach den Handelsberichten der Nowgoroder längst bekannt war.[16])

---

[15]) *A. Brückner,* l. c. p. 14.

[16]) Bei *Samysslowsskij,* „Herberstain und seine historisch-geographischen Berichte über Russland" St. Petersburg 1884 (russ.) ist eine Stelle aus einer Nowgoroder Chronik angeführt, worin es heisst: „Diesen Winter kamen aus Jugrien (d. i. die Gegend am Nord-Ural) Nowgoroder Bojarensöhne und junge Leute, welche am Ob bis zum Meere Krieg führten, während die andere Hälfte des Kriegsvolkes am Oberlaufe des Ob kämpfte".

Die Karte des Anton Wied (1537).

(Kiewer Sammlung Nr. VI, Bokatschew Nr. XIV.)

Die so frühe Datierung dieser Karte ist meine, des Referenten, Schuld, da ich bei Publizierung der *Hogenberg'*schen Kopie vom Jahre 1570 als obere Grenze für das Erscheinen des *Wied*'schen Originales das Jahr 1537, als untere Grenze 1544 aufstellte.[17]) Das wahre Jahr ist 1542. Die Kopie der Kiewer Sammlung ist den Hamburger Mitteilungen entnommen.

Da ich weiter unten dem *Anton Wied* einen eignen Abschnitt widmen werde, so unterlasse ich hier jedes Eingehen auf die Karte selbst.

Nur ein Punkt muss hier diskutiert werden, das ist das Verhältnis der *Münster'*schen Karten zur Karte *Wied's.* Denn *Kordt* selber, obgleich er *Münster's* Karten richtig dem *Wied'*schen Typus unterordnet, motiviert dies weiter nicht, lässt sich auf eine Diskussion gar nicht ein, sondern gibt nur die schätzenswerten literarischen Belege für die darauf bezüglichen Kontroversen.

In der Sammlung finden sich von *Münster* 2 Karten, nämlich Nr. VII: „Moscowiters land" aus der deutschen Kosmographie von 1544, und Nr. VIII: „Moscovia" aus der lat. ed. von 1550, beides grobe Holzschnitte mit genau gleichem Inhalte, nur dass die letztere die bei VII auffallend leeren Räume zwischen den Flüssen dicht mit Waldzeichnung bedeckt zeigt, so dass sie auf den ersten Blick ganz befremdlich erscheint.

Was die *Münster'*schen Karten betrifft, im Vergleiche mit dem zugehörigen Texte, so sind die geographischen Daten des letzteren verschwindend wenig im Vergleiche mit denen der Karte: den acht im Texte namhaft gemachten Flüssen steht wohl die dreifache Zahl auf der Karte gegenüber; bisweilen findet sich statt Übereinstimmung zwischen beiden sogar ein greller Kontrast: dem Texte nach mündet die Wolga ins Schwarze Meer, auf der Karte nimmt sie ihren richtigen Lauf zum Kaspischen See. Auf diesen 2 Tatsachen baut *Samysslowsskij,* der jene Vergleiche zuerst angestellt hat, seine Behauptung auf, dass *Münster* für Herstellung seiner Karten eine russische Vorlage, einen Tschertesh (Riss) moskowitischer Herkunft benutzt haben müsse.[18])

[17]) Hamb. Mitt. für 1882/3 p. 19.

[18]) *Samysslowsskij.* Beschreibung Littauens, Samogitiens, Russlands und Moskowiens durch *Sebastian Münster,* im Journ. Min. Nar. Prossw. (Minist. der Volksaufklärung) t. 211, 1880 p. 89—94 u. 111. Diese russische Schrift habe ich mir nicht verschaffen können; ich zitiere hier nach *Kordt's* Text zur Kiewer Sammlung.

Dieselbe Meinung macht er später, wenn auch nicht mehr so entschieden, für die *Herberstain'*schen Karten geltend.

Samysslowsskij kannte damals, im Jahre 1880, noch nicht die *Wied'*sche Karte, deren *Hogenberg'*sche Kopie erst 1884 bekannt wurde, daher erscheint seine Behauptung erklärlich; er suchte die Differenzen von Text und Karte durch obige Annahme zu motivieren. Aber ein kurzer Blick auf *Münsters* und *Wieds* Karten lässt sofort erkennen, dass des Ersteren Karten sehr unbeholfene Holzschnitt-Kopien von dem *Wied'*schen Kupferstiche sind. Natürlich hat *Münster* nur die Originalkarte *Wieds* von 1542, die uns jetzt vorliegt, kopieren können, was ja seinen eignen Quellenangaben im Texte entspricht. Wenn überhaupt noch hierüber ein Zweifel sein kann, möge folgendes Beispiel entscheiden: auf *Wieds* Originalkarte steht in Majuskeln der Name *Eifland* statt *Livland;* desgleichen bei *Münster* auf beiden Karten; während *Hogenberg* auf seiner Kopie von 1570 den Namen als „Livoniae pars", also in *Livland* verbessert. Der beste Beweis für *Münsters* Unselbständigkeit ist der genannte Fall mit der Wolga: Die Karte kopiert er von *Wied,* den Text schreibt er ab von *Matthaeus von Miechow,* den er ja auch unter seinen Gewährsmännern aufzählt. *Miechow* hat, trotz seiner klassischen Bildung, den Fehler mit der Wolga begangen, was man bei ihm vielleicht nur als Schreibfehler ansehen kann. Wenn aber ein zweiter dies schreibt, dann ist er wohl wenig ernst zu nehmen.

Bokatschew hat die beiden selben Karten *Münsters* als Nr. VII und VIII, die *Wied'*sche Karte, weil auf *Hogenbergs* Kopie von 1555 datiert, registriert er hinter den *Münster'*schen und *Herberstain'*schen Karten.

Die Beschreibung der *Wied'*schen Karte von 1542 bei *W. Ruge* in seinem Berichte an die Gesellschaft der Wissenschaft. in Göttingen,[19]) ist in den Worten: „Inhalt in der Hauptsache wie auf dem *Hogenberg'*schen Nachstich, nur ist im Süden und Norden ein ziemlich breiter Streifen abgeschnitten etc." mindestens missverständlich, und legt die Annahme nahe, dass die *Hogenberg'*sche Kopie vollständiger sei als das neugefundene Original *Wieds.* Dies kann unmöglich des Berichterstatters Meinung gewesen sein, denn ein einziger Blick auf *Hogenbergs* Kopie lässt erkennen, dass das Kartenbild seiner Vorlage rechts und links am Rande (im Norden und Süden) kürzer gewesen sein muss, als seine Kopie, und dass er, um ein bestimmtes Atlasformat herzustellen, die Karte nach beiden Seiten inhaltslos

---

[19]) Nachr. Ges. Wiss. Göttingen. Phil.-hist. Kl. 1904, p. 24.

verlängert hat; da, wo auf *Wieds* Original der linke Rand, also auch die Waldzeichnung zu Ende ist, endet auch auf *Hogenbergs* Kopie wie mit dem Lineale abgeschnitten der Wald.

Die Karte des Sebastian Münster (?) von 1538.

So benennt *Kordt* die mit Nr. IX bezeichnete kleine Skizze, welche auf unserer Karte I wiedergegeben ist. (Sie fehlt bei *Bokatschew*).

Also wäre für *Seb. Münster* doch ein Plätzchen in der russischen Kartographie gerettet worden? Nachdem wir soeben *Münster* in seiner ganzen Unselbständigkeit kennen gelernt haben, müssen wir überrascht sein, ihn als Autor einer Skizze genannt zu sehen, die freilich recht unscheinbar ist, aber in Wirklichkeit das Beste ist, was die Kartographie des 16. Jahrhunderts über Russland zustande gebracht hat. Vorläufig sei hinter *Münsters* Name ein Fragezeichen gestattet.

Münster beschäftigte sich, wie *Kordt* zu dieser Karte einleitend sagt, als Vorarbeit zu seiner Kosmographie, dem Geschmack seiner Zeit entsprechend, mit den alten Klassikern und gab ausser dem *Ptolemaeus* insbesondere den Polyhistor des *Solinus* nebst dem *Pomponius Mela,* in einem Bande vereint, im Jahre 1538 heraus.[20]) Er begleitete beide Schriften kapitelweise mit Kommentaren, durch welche die klassischen Texte, dem bessern modernen Wissen gemäss, ergänzt und wo nötig richtiggestellt werden sollten.

In der Einleitung zu Kap. 25 des *Solinus,* wo vom Borysthenes die Rede ist, erklärt *Münster,* dass der Fluss jetzt Dnjepr heisse und dass er in Moskowien unweit der Donquelle entspringe. Was das Gebirge betreffe, die Riphaeen der Alten, so existierten dieselben überhaupt nicht. Als Gewährsmann führt er *Herberstain* an.[21]) Diesem Kommentare fügt *Münster* die Skizze unserer Karte I bei.

---

[20]) *C. Julii Solini* Polyhistor, *Pomponii Melae* de situ orbis libri tres. Basileae MDXXXVIII.

[21]) Die Worte zum *Solinus* l. c. p. 48 lauten: „Quod autem a veteribus in eo loco narrantur esse magni et multi montes, nempe Riphaei, qui nostro aevo loca illa lustrarunt, scribunt nullos illic esse montes: unde Sigismundus a Herberstein in suo itinerario sic scribit: De Vilna exiens per Polotzko, novam civitatem seu Novogardiam et Tfer, veni in Moscoviam, ab hinc ad Smolenski, et iterum redii in Vilnam, sed nullos vidi montes, imo ne colliculos. De fontibus Tanais diligenter perquirens, inveni circa Moscoviam spacio 200 miliariorum nullos esse montes etc." — Wenn *Münster* sich hier auf ein Itinerar *Herberstains* beruft, so kann wohl nur ein handschriftliches gemeint sein, da die erste Ausgabe seiner Commentari erst 1549 erschien.

Soweit ist alles in Ordnung. Wenn aber *Kordt* in seinen Begleitworten fortfährt, dass *Anutschin*[22]) und *Hantzsch*[23]) den *Matthaeus von Miechow* als Gewährsmann für diese Skizze ansehen, obgleich *Münster* denselben nicht namhaft mache, so ist letzteres ein Irrtum und beweist, dass *Kordt* den ebenda befindlichen Kommentar zum *Mela* nicht gelesen hat. Dort[24]) nennt *Münster* bei der hier wiederholten Beschreibung der Scythia Europaea (d. i. Moscovia) als eines berglosen, wald- und sumpfreichen Landes ausdrücklich den *Matthaeus v. Miechow* als seinen Gewährsmann, der seine Zeitgenossen besonders über die hydrographischen Verhältnisse Moskowiens aufgeklärt habe, und verweist nur hier, nicht beim Solinus, auf unser Kärtchen, das er zur Veranschaulichung der hydrographischen Verhältnisse nach des *M. v. Miechow* Angaben dem Kommentare zum *Solinus* (also im 1. Teil des Kommentares) beigegeben habe. Der polnische Kanonikus hatte die Quellgegend der grosssen Ströme besucht, um hierüber „ex professo" schreiben zu können.[25])

Dass die Skizze nicht zu der angeführten Stelle im *Mela* (p. 181), wo allein darauf Bezug genommen wird, sondern bei der inhaltlich das Gleiche sagenden Scholie zum *Solinus* (p. 48) beigegeben wurde, geschah aus dem naheliegenden Grunde, weil letztere Stelle im Buche die frühere war, auf die man nachher zurückweisen konnte. Beide Kommentare haben eine fortlaufende Seiten-Zählung.

---

[22]) *D. Anutschin.* Das Relief der Oberfläche des eur. Russlands, Moskau 1896, p. 84 (russ.).

[23]) *V. Hantzsch*, Sebastian Münster p. 78.

[24]) Die Worte zum *Mela* l. c. p. 181 lauten: (ad vocem Riphaei montes): „Sunt, inquit, et Riphaei Montes in Europa, dextrum scilicet tenentes latus, ex quibus Tanais propter assiduam nivium resolutionen incrementa accipit." Sic veteres censerunt. Qui vero nostro aevo de his regionibus scripserunt, easque lustrarunt, negant ibi inveniri montes Alanos, Hyperboreos et Riphaeos, unde nominatissima ista flumina, Tanais, Borysthenes major et minor, et Volha, originem trahunt: sed de Tanai sic scribunt: Tanais nominatissimus fluvius, a Tartaris et Moscovitis Don nuncupatus, fontes et originem habet in Moscovia, haud procul a ducatu Recensi. Consurgit de terra plana, sterili, limosa, paludinosa, et nemorosa. Est emin Moscovia regio plana, non montosa, nemorosa et paludinosa, in qua multa oriuntur flumina: de quibus vide Mathiam a Michon (sic!) Canonicum Cracoviensem, qui ex professo nostro aevo de his regionibus et fluminibus scripsit, et nos quoque supra in Solino cap. 25 expressimus per figuram origines et confluentias memoratorum atque aliorum fluviorum".

[25]) Näheres über den Kanonikus Cracoviensis in meinem Vortrag „über das Bekanntwerden Russlands in Vor-Herberstainscher Zeit" in den Verh. des 5. Deu. Geographentages 1885.

Auch die von *Kordt* zitierte Stelle aus *Hantzsch*, „Seb. Münster" lässt sich nur verstehen, wenn H. die Hinweisung *Münsters* auf *M. v. Miechow* übersehen hat. Er schreibt: „Da die älteste gedruckte Karte Russlands von *Anton Wied* angeblich erst 1555 erschien, so glaube ich annehmen zu dürfen, dass *Münster* seine Karte nach Angaben des polnischen Geographen *M. v. M.* gezeichnet hat etc.". Aber letztres sagt ja *Münster* selber, und die Motivierung durch das ungenügende Alter der *Wied'*schen Karte ist ganz unverständlich, da *Wieds* Flusszeichnungen gar nichts mit dem hydrographischen Netz unsers Kärtchens gemein haben, im Gegenteil *Wied* der Theorie gemeinschaftlicher Quellseen huldigt.[26])

Auch *Herberstain* war der zentralen Quellgegend auf seinen Reisen nahegekommen und weiss, dass die hier entspringenden Flüsse separate Quellen haben, aber die gegenseitige Lage der Quellen so aufzuzeichnen, wie auf unserer Skizze, war nur jemand imstande, der die Quellen selber aufgesucht hatte. Eine so klare Vorstellung von der Wirklichkeit konnte ein *Herberstain* bei seiner Art zu reisen, nämlich mit grossem Tross und Gefolgschaft, wie wir aus den *Hirsfogel'*schen Bildern ersehen, ganz gewiss nicht durch Anschauung sich aneignen; deshalb reicht auch die *Herberstain'*sche Karte lange nicht an unsere Skizze heran.

Letztere wirkt in Anbetracht jener Zeit geradezu verblüffend; wer das hydrographische Netz im Kopfe hat, wird auch ohne die beistehenden Namen die betreffenden Flüsse leicht erkennen. Sie macht den Eindruck einer Skizze, wie sie etwa ein recht aufmerksamer und begabter Schüler aus dem Kopfe wiedergeben würde.

So nimmt der polnische Kanonikus, wie er die erste eingehende Beschreibung[27]) Moskowiens (1517) geliefert hat, auch als aufklärender Topograph eine hervorragende Stellung ein. Der Ruhm, ihm diese Stellung angewiesen zu haben, gebührt dem, welcher zuerst auf unser

---

[26]) Dieselbe bleibt im ganzen 16. Jahrhundert herrschend, wie folgende Beispiele zeigen: *Agnese,* 1525: Wolga + Dniepr + Düna + Newa; *Wied* (Münster), 1542: Wolga + Dniepr + Don; *Herberstain,* 1546: Wolga + Don; *Gastaldo,* 1550: Wolga + Don + Wolchow; Dniepr + Njemen; *Jenkinson,* 1562: Wolga + Dniepr + Düna + Onega; *Mercator,* 1594, nur noch ganz verstohlen: Sosna + Oka; *Maginus,* 1596: Wolga + Don; erst *Quad,* 1600, hält sich frei davon. — Es ist sehr erklärlich, dass die aus dem Warenverkehr überall bekannten Tragplätze zwischen den naheliegenden Quellen für Bifurkationen gehalten wurden, da man ja nur nach dem Hörensagen urteilte und auch zeichnete. Aber darum ist die klare Einsicht des *M. v. Miechow* um so höher anzuschlagen.

[27]) *M. de Miechow,* tractatus de Duabus Sarmatiis, Cracoviae, 1517.

Kärtchen als hervorragende Leistung hingewiesen hat: das war *E. v. Nordenskjöld* in einem Vortrage, den er in 1884 in Stockholm gehalten, und der 1885 im Ymer veröffentlicht wurde. Noch bevor dieser Vortrag hier bekannt wurde, sandte der Verfasser mir eine Kopie der Skizze, wovon unsere Karte I ein Faksimile ist, mit der handschriftlichen Bemerkung: „Verisimile secundum vel a domino Canonico Cracoviensi, Matthias a Michou delineata.[28]) Es soll dies ein Beweis sein, wie energisch *N.* für den polnischen Kanonikus eingetreten ist. Wenige Jahre später führt *Nordenskjöld* in seinem Faksimile-Atlas[29]) unsere Skizze einfach als „Matthias a Michou's Sarmatia Europea of 1538" auf. So dürfte der Autorname *Münsters* für die Skizze von 1538 wohl zu Unrecht bestehen und dem des Polen Platz machen müssen.

Die Karte Herberstains 1546.

Dem *Herberstain*'schen Typus gehören in der Kiewer Sammlung 8 Karten zu, nämlich die Nummern X bis XVI, ausserdem XXVI.

Unter Nr. XI der Sammlung lernen wir eine Karte von Moskowien kennen, die schon im Jahre 1546, d. i. 3 Jahre vor dem Erscheinen der Kommentare *Herberstains* herausgekommen war. Sie ist in nur 2 Exemplaren bekannt, die sich auf dem British Museum in London und in der Wiener Hofbibliothek befinden; von letzterem ist die Kopie in der Kiewer Sammlung genommen worden. Das Original ist in Gross-Folioformat in Kupfer gestochen von dem damals berühmtesten Kupferstecher *Augustin Hirsfogel* in Nürnberg, welcher während der Jahre 1546 und 47 für *Herberstain* mehrere Stiche ausführte.[30])

Auf dieser Karte von 1546 (Grösse 56×36 cm, Kupferstich, nach N orientiert) finden sich folgende Aufschriften: links oben: MOSCOVIA SIGISMVNDI LIBERI BARONIS IN HERBERSTEIN NEI|PERG ET GVTENHAG, M·CXLVI· und rechts in der Mitte in kleineren Majuskeln: HANC

[28]) Die über der Skizze befindliche Widmung musste ich mit abdrucken lassen, um die authentische Unterschrift *Nordenskjölds* für meine Ausführungen geben zu können. Das Ausrufungszeichen hinter 1538 sollte auf die vermutliche Priorität dieser Skizze vor der *Wied*'schen Karte hinweisen, für deren Entstehung ich den weiten Spielraum zwischen 1537 bis 44 gelassen hatte. Jetzt ist die Priorität des Kanonikus bestätigt, nur kann man seine Skizze kaum eine Karte von Russland nennen.

[29]) Faks.-Atlas p. 117 a. Ich betone dieses Zitat, weil es nach dem Register im Faks.-Atlas nicht aufzufinden ist; daselbst ist das betr. Zitat aus Versehen zu dem vorhergehenden Namen gesetzt worden.

[30]) *Alfred Nehring*, Herberstain und Hirsfogel. Berlin 1897, p. 8, 9, 23, 35.

TABVLAM ABSOLVIT AVGVSTINVS HIRSFOGEL VIE. AVS. CVM GRATIA ET PRIVILEGIO IMPE 15--46, mit dem Monogramme *Hirsfogels* zwischen den Ziffern 5 und 4. Links unten in der Ecke ist das grosse Wappen *Herberstains* angebracht.

Die Karte fehlt bei *Bokatschew,* und auch *Nehring*, der die Werke *Herberstains* ausführlich beschreibt, hat dieselbe wohl nicht gesehen. Er vermutet, dass dieselbe zusammen mit einem kurzen Itinerar, das verloren gegangen sei, schon 1546 publiziert worden, und führt einige Gründe für diese Vermutung an. *Ssobko*[31]) meint, dass *Herberstain* diese Karte für die erste Ausgabe seiner Kommentare bestimmt und bestellt, aber durch eine andre ersetzt habe, weil ihr Format für das Buch zu gross gewesen sei.

Die der ersten Ausgabe von *Herberstains* Kommentaren beigegebene Karte hat ein viel kleineres Format (26,1 × 16,4 cm), ist ebenfalls ein Kupferstich *Hirsfogels*[32]), trägt oben links dieselbe Überschrift in Majuskeln, aber die Zahl 1549 und den Namen *Gutnhag* statt *Gutenhag,* auch rechts in der Mitte dieselbe Legende, etwas mehr abgekürzt und ohne die Jahreszahl mit dem Monogramm. In der linken untern Ecke befindet sich das sogenannte kleine Wappen *Herberstains*, d. h. derselbe Wappenschild, wie im grossen, aber ohne die Schildaufsätze. Einen Unterschied im topographischen Material beider *Hirsfogel'*schen Stiche kann ich nicht finden; die grössere ist kunstvoller ausgeführt, besonders in der Waldzeichnung, auf der kleineren sind die architektonischen Städte-Signaturen der Raumersparnis wegen durch kleine Kringe ersetzt, die Namen sind teilweise anders placiert, aber in gleicher Zahl vorhanden.

---

[31]) *Ssobko*, „Alte Bildnisse russischer Zaren", in Sborn. Arch. Inst. 5, p. 309 (Zitat nach *Kordt*, weil diese Schrift mir nicht zugänglich war).

[32]) Die den spätern Ausgaben *Herberstains* beigegebenen Karten sind Holzschnitte und sind nicht von *Hirsfogel* gefertigt; derselbe war nur Kupferstecher. Die Verfertiger der meisten *Herberstain'*schen Holzschnitt-Karten sind uns unbekannt. Nur eine gestochene Kopie der *Herberstain'*schen Karten ist mir bekannt: von *Darinel*, sehr verkleinert, 21,3×13,3 cm. Nach meiner Vergleichung auf dem British Museum scheint sie der Karte von 1546, die dort ist, nachgebildet zu sein. Sie befindet sich zwischen fol. 50 und 51 in dem seltenen Werke: „La sphère des deux mondes, composée en Francois, par *Darinel* pasteur des Amadis, En Anvers, chez Jc. *Richart*, 1555. — Sie trägt als Unterschrift, zweireihig in Majuskeln, folgende Legende: „Russorum rex et dominus sum, jure paterni Sanguinis: Imperii titulos a Nemine, quavis mercatus prece, vel precio nec legibus ullis subditus alterius, sed Christo credulus Uni, emendicatos aliis aspernor honores". — Oben links trägt sie die Überschrift: BREVIS EXACTAQVE MOSCOVIAE DESCRIPTIO.

Beide Karten bringen, was den späteren Kopien stets fehlt, die politischen Grenzen ihrer Zeit, also der Art, dass Kasan noch ausserhalb der Grenze liegt. Die Grenzen stimmen genau mit den auf Blatt 72 von *Droysen's* Historischem Atlas verzeichneten Grenzen. An einer Stelle allein scheint, aber scheint auch nur, eine sehr bedeutende Differenz zu bestehen, an der nur die ganz mangelhafte topographische Orientierung auf *Herberstains* (Hirsfogels) Karten schuld ist. Auf diesen berührt die russische Grenze den Unterlauf des Dnjepr, weit unterhalb Kiews, und zieht eine weite Strecke am Dnjepr entlang, um die Städte Czernigo und Staradub für Russland zu retten. Diese hat *Hirsfogel* aber fälschlich mitsamt der Desna, in deren Nähe sie liegen, und deren Nebenfluss Seim (Sem), weit südlich, anstatt nördlich von Kiew placiert. Die russische Grenze umfasste wirklich genannte Städte, erreichte aber den Dnjepr erst ungefähr gegenüber der Pripetmündung.

Die Kiewer Sammlung gibt nur die Karte von 1546, *Bokatschew* führt dagegen nur die von 1549 an, auch *Nordenskjöld* hat nur die letztere (Faks.-Atl. p. 121), ebenso *Adelung* in seiner Biographie Herberstains, 1818.

Auch einen *Münster*'schen Holzschnitt aus der lat. Kosmographie von 1550 rechnet *Kordt* zum *Herberstain*'schen Typus und gibt ihn auf Taf. XV wieder. Er stellt nur das südöstliche Russland, Wolga- und Don-Gebiet dar, kopiert *Herberstain* aber nur im Wolga-Gebiet, während schon die Bifurkation zwischen jenen beiden Flüssen fehlt. Hier im Süden scheint *Münster* einer andern Vorlage zu folgen, übrigens hat die Darstellung des Kaukasus und der angrenzenden Meere nur dekorativen Charakter, und ist nicht ernst zu nehmen.

Die *Herberstain'*schen Karten haben manche Eigentümlichkeiten: Der gänzlich verkehrten Darstellung des Dnjeprgebiets ist bereits gedacht; in gleicher Verdammnis ist der ganze Süden, vor allem die gegen früher fast noch verschlimmerte nördliche Verschiebung des Asowschen Meeres, Asow liegt weit nördlicher als Kiew; der Don schwindet fast, fliesst mit einem Tributär der Wolga aus dem Joannis lacus, von dem *H.* im Texte sagt, dass er „1500 uerst patet“. Dass der kleine Iwan-See, Quellsee des Don, 200 m lang und 160 m breit, früher grösser gewesen sein könne, bestreitet *Stuckenberg*,[33]) denn das Profil der Umgegend zeige, dass er niemals einen ausgedehnten Raum einnehmen konnte. Während *H.* im Nordwesten ganz allein im

[33]) *J. Ch. Stuckenberg*, Hydrographie des Russischen Reiches III, 1844.

16. Jahrhundert dem Ladoga-See eine angemessene räumliche Ausdehnung gewährt, ist die Orientierung dort im Küstengebiet durchaus verkehrt, Ostsee und Finnischer Golf sind ihm eins, er nennt sie gemeinschaftlich „Sinus Livonicus et Ruthenicus“, neben Riga an Livlands Küste steht „Finlandiae pars“, der Golf von Riga fehlt. — Im Nordosten ist der Ural als „cingulus terrae“ mit den Übergängen von der Petschora zum Ob so gezeichnet, als wäre *Herberstain* darüber wohl gut unterrichtet gewesen; hier fand ja auch ein reger Verkehr statt; das Dwina- und Kama-Gebiet ist noch, wie bei *Wied*, recht verzerrt. Mit seinem Kythay-lacus, aus dem er den Ob entspringen lässt, hat er, besonders mit der „Regia“ in Kythay, Chumbalik (der vermeintlichen Hauptstadt Chinas), für Jahrzehnte ein böses Beispiel gegeben.

Dem *Herberstain'*schen Typus ordnet *Kordt* noch verschiedene Arbeiten des piemontesischen Kartographen *Giacomo Gastaldo* unter, welche teils als Begleitkarte zur italienischen Übersetzung von *Herberstains* Kommentaren, teils als Sonderkarten, meist in den sogenannten *Lafreri*-Atlanten, uns erhalten sind (Nr. XV und XVI der Sammlung).

In 1550 erschien die italienische Übersetzung. Die ihr beigegebene Holzschnittkarte hat die Titel-Legende: „Descriptione de la Moscouia per Giacomo gastaldo piamontese cosmographo in Venetia MDL“. Die Karte ist, wie auch die übrigen *Gastaldos* in Kegel-Projektion entworfen, mit Graduierung am Rande, Längen- und Breitenskala, aber ohne ausgezogene Meridiane und Parallelen.

Im allgemeinen sind *Gastaldos* Karten treue Kopien der *Herberstain'*schen Karte von 1549; derselbe Finnische Golf als „Golfo di Livonia altri Moscovitico“ in meridionaler Erstreckung; aber weiter südlich, bei Riga, gliedert sich, im Gegensatz zu *Herberstain,* die Küste durch Buchten und Inseln, auch ist Riga mindestens 3° nach N verschoben (58° statt 57° in Wirklichkeit), während es bei *Herberstain* bedeutend südlicher als Kasan (55½°) liegt. Durch die nach N konvergierenden Meridiane sind die nördlichen Partien mehr zusammengedrängt, so dass im zentralen Quellgebiet, zwischen Wolgaquelle und Plesko-See, wo sich bei *Herberstain* der zum Ilmensee gehende Lowat übermässig breit macht, für letzteren gar kein Raum bleibt und er sich weit nach Norden verschieben lässt. Der Ural verliert die einfache Kettenform und drängt sich an den Ob. Nördlich vom Ladoga-See, der wie bei *Herberstain* räumlich ausgedehnt bleibt, erhebt sich ein hohes Randgebirge, wo bei *Herberstain* die Titel-Legende das Land bedeckt. Wolga- und Don-Gebiet, sowie der übrige Süden, stimmen mit *Herberstain* überein.

Die zweite *Gastaldo*-Karte (Nr. XVI) ist von 1566 datiert; nur die Randverzierungen sind andere. Sie ist die Kopie einer Karte, die in Leyden auf der Universitätsbibliothek sich findet; sie entstammt wohl einem *Lafreri*-Atlas.[34])

Eine zweite Reihe *Herberstain*'scher Karten zur Moscovia lässt *Kordt* mit dem Jahre 1551 beginnen. Er schreibt: „Da die erste Ausgabe der Kommentare von 1549 viele Druck- und Interpunktionsfehler enthielt (und, wie *Nehring*[35]) hinzusetzt, wegen der Kupferstiche wahrscheinlich ziemlich teuer war), so beschloss *Herberstain*, in Übereinstimmung mit seinem Freunde, dem Wiener Gelehrten *W. Latzius*, unter des letzteren Aufsicht eine Neu-Ausgabe bei *Oporinus* in Basel drucken zu lassen. Sie erschien i. J. 1551." Die zugehörige Karte ist ein Holzschnitt (Nr. XII der Sammlung), eine gute Kopie des Kupferstiches von 1549, welche Jahreszahl der Holzschneider (wohl nur aus Pietät) mit der ganzen Titel-Legende von 1549 beibehalten hat. Wo aber rechts auf der Karte die Autorschaft *Hirsfogels* angegeben war, ist auf dem Holzschnitt nur der auch dort vorhandene Meilen-Massstab beibehalten worden mit der Unterschrift: „Distantia per Miliaria". Die Karte hat ein grösseres Format (34,6×21,4 cm), und ist schon deshalb leichter zu lesen als der recht undeutliche Kupferstich von 1549 (Grösse 26,1×16,4 cm). Eine wesentliche Änderung der Zeichnung und des Inhaltes ist nicht zu finden.

Diese Karte findet sich in den lateinischen Baseler Ausgaben der Kommentare von 1551, 1556, 1571; auch in den deutschen Baseler Ausgaben von 1563 und 1567 (diese bei *Bokatschew* unter Nr. XI), mit der verdeutschten Überschrift: „Erste Landtaffel, in welcher das gantz Moscouiter land, mit sampt den anstossenden völkeren, nach

---

[34]) Solche *Lafreri*-Karten Moskowiens finden sich, mit verschieden gruppierten Einern in der Jahreszahl: in Paris, Bibliothèque Nationale, datiert MDLXIII III, in London, British Museum, datiert MDLXII II II, in Rostock, Universitäts-Bibliothek, datiert MDLXII IIII, ebenda, Universitäts-Biliothek, datiert MDLXVIII. *Lafreri*-Atlanten befinden sich ausserdem in Paris, Madrid, Breslau, Kopenhagen, Stockholm. Sie sind benannt nach einem Karten-Verleger *Lafreri* in Rom und enthalten meist italienische Karten verschiedener Kartographen, cf. *Nordenskjöld*, Faks.-Atl. p. 118.

[35]) l. c. p. 45.

rechter Geographischer art beschriben“, ferner in einigen Neudrucken des 19. Jahrhunderts.[36])

Ebenfalls hierher gehört Nr. XXVI der Kiewer Sammlung, eine sehr verkleinerte Kopie (21,5×13,6 cm) der Karte von 1551, in einem Nachdruck der lateinischen Baseler Ausgabe von 1556, der in 1557 in Antwerpen erschienen ist.

Während die Karte von 1551 wegen mangelnder Waldzeichnung auffallend leer erscheint, ist der lateinischen Baseler Ausgabe von 1556 ausser jener Karte noch eine zweite beigegeben, Kopie der ersteren, aber ganz mit Waldzeichnung bedeckt (36,7×25,7 cm). Dies ist Nr. XIV der Sammlung, bei *Bokatschew* Nr. XII. Ausserhalb der mit bildlichen Darstellungen umrahmten Karte findet sich folgende Schrift: „Moscovia Sigismundi Liberi Baronis in Herberstain: Designatae sylvae non carent suis incolis“.[37]) Diese Waldkarte findet sich in den lateinischen Baseler Ausgaben von 1556, 1571, in den deutschen Baseler Ausgaben von 1563, 1567.

Als letzte Karte des *Herberstain'*schen Typus gilt Nr. XIII der Sammlung (fehlt bei *Bokatschew*). Sie gehört zur deutschen Moscovia *Herberstains,* die 1557 in Wien erschienen ist. Diese Ausgabe ist ebenso selten[38]) wie interessant. Sie ist nicht eine Übersetzung, sondern eine selbständige Bearbeitung der lateinischen ersten Ausgabe und ist in Wien unter *Herberstains* Augen angefertigt worden. Deshalb haben ausser der Karte auch die übrigen bildlichen Darstellungen, im Texte, grössern Wert. Ich denke dabei besonders an die Bilder der damals noch in Ost-Europa wild lebenden beiden Boviden, des Wisent und des Wildstieres (Urstieres), und verweise diesbezüglich auf den späteren Abschnitt über *Anton Wied.*

Die Karte hat Überschrift und Namen, soweit angängig, in deutscher Sprache. Erstere, links oben, lautet: „Moscouia Sigmunds Freyherrns zu Herberstain, Neyperg vnd Guetenhag, verteutscht, Anno 1557“. Sie ist mit ähnlichen Bildern umrahmt wie obige Waldkarte, macht aber infolge mässiger Waldzeichnung einen freundlicheren Eindruck.

---

[36]) Notes upon Russia, by *R. H. Major,* vol. II. London 1852, als Lithographie, und als Kupferstich in einer Petersburger Reproduktion, die auf Befehl *Katharinas II* unternommen, aber erst 1804 fertiggestellt wurde.

[37]) *Kordt* meint ganz witzig, der Autor habe sich durch das Übermass der Wälder beunruhigt gefühlt und deshalb den zweiten Satz hinzugefügt.

[38]) Sie findet sich in unserer Nähe auf beiden Mecklenburger Bibliotheken, in Schwerin und Rostock, wo die meisten gewöhnlichen Ausgaben fehlen. Siehe übrigens *Nehring* l. c. p. 52—65.

Karte des Giacomo Gastaldo von 1548.

G. Gastaldo ist nach übereinstimmendem Urteile der Gelehrten einer der bedeutendsten Kartographen aller Zeiten, und, wie *Nordenskjöld* meint, unmittelbar neben einem *Mercator* zu nennen.[39])

Ausser den schon oben besprochenen *Lafreri*-Karten und der Karte zur italienischen Ausgabe von *Herberstains* Kommentaren hat *Gastaldo* nun noch andere Karten von Moskowien geliefert, die von den erstgenannten stark abweichen, nämlich für mehrere italienische *Ptolemaeus*-Ausgaben wie die des *Andrea Mattiolo,* Venedig 1548; des *Girolamo Ruscelli,* Venedig 1561, 1564, 1574; des *Josefus Moletius,* Venedig 1562 (ed. lat.).

In der Kiewer Sammlung ist Nr. IV eine Kopie nach dem *Ptolemaeus* des *Mattiolo* von 1548 und Nr. V nach dem des *Ruscelli* von 1561. Bei *Bokatschew* fehlen die Karten.

Kordt will es zweifelhaft lassen, ob *Gastaldo* nicht für diese Karten (von denen Nr. V nur eine etwas vergrösserte Wiederholung von Nr. IV ist) den *Battista Agnese* sich zum Vorbilde genommen habe, dessen Manuskriptkarte er ja jedenfalls in Venedig einsehen konnte. Vieles auf den Karten spricht dafür, vor allem, dass jeder Fluss wie bei *Agnese* mit einem Quellsee versehen ist; dann die Isolierung des Don-Gebietes, ein Charakteristikum des *Agnese,* das *Gastaldo* auf seiner *Herberstain*-Karte verleugnet. Im allgemeinen aber hat man den Eindruck einer rein konventionellen Zeichnung; das Kartenblatt war viereckig und sehr klein (Nr. IV 16,3×12 cm), und musste möglichst ausgenutzt werden, daher die Auszerrung des Wolga-Gebietes vermittelst der Kama, natürlich unter Beilegung eines respektabeln Quellsees, bis in die äusserste NO-Ecke der Karte; die Garnierung des ganzen N-, O- und S-Randes mit gewaltigen Bergketten; der Dnjeprlauf genau wie bei *Agnese:* man sieht nirgends ein Prinzip, und *Kordt* tat gewiss recht, wenn er nicht für diese Karten seinen *Agnese'*schen Typus heranzog.

Karte des Giacomo Gastaldo von 1562.

Der unermüdliche Kartenzeichner hat auch Teilkarten angefertigt; eine solche liegt uns in Nr. XXII der Sammlung vor. Es ist ein grosses Blatt (52×38 cm) aus einem *Lafreri*-Atlas.[40]) Das Original von 1562 befindet sich auf der Universitätsbibliothek in Leyden; eine

---

[39]) Ich möchte, was Moskowien betrifft, diesem Urteile nur bezüglich der Reichhaltigkeit seines Schaffens beitreten.

[40]) *Nordenskjöld,* Faks.Atl. p. 119.

zweite Ausgabe erschien 1568, und hierzu dient als Ergänzung eine weitere Karte *Gastaldos*, die er selber als 1. Teil Polens bezeichnet, ebenfalls von 1568.

Jene Karte umfasst das ganze südwestliche Russland, das Asowsche Meer am Ostrande, die Flussgebiete des Dnjepr, der Weichsel, des Njemen.

Auch hier ist im Osten die Verschiebung nach Norden um 5 bis 6° störend, während weiter im Westen, z. B. Krakau richtige Breitenlage hat. Man konnte sich die sarmatische Ebene immer noch nicht gross genug denken. Dass im Pripet-Gebiet grosse Lagunen das Rätsel der wasserreichen Flüsse lösen müssen, kennen wir schon; auch hier nur ein konventionelles Gebirge, im Westen die Weichsel am ganzen Kartenrande begleitend.

Karte des Anton Jenkinson von 1562.

Nr. XVII bis XX der Kiewer Sammlung. Die Nummern XVII und XVIII bei *Bokatschew* entsprechen beide nur der Nr. XVII der ersteren Sammlung; Nr. XIX bei *Bokatschew* ist wie seine andern zwei Nummern dem *Ortelius* entnommen, stellt die asiatische Tatarei dar, fällt also für uns aus; die kleineren *Jenkinsons* (XVIII bis XX) hat *B.* nicht.

Kordt gibt nur ausführliche bibliographische Notizen über Verbreitung und Verwertung dieses *Jenkinson*-Typus, der sich in vielen Werken bis ins 17. Jahrhundert erhält. Aber die Karte von 1562, von der alle späteren nur minderwertige Kopien sind, ist dort, wo *Jenkinson* selber als Gewährsmann auftreten kann, so bahnbrechend für die Aufklärung vom Innern Russlands, dass eine genauere Analyse wohl angebracht ist.

Paolo Giovio (Paulus Jovius)[41]) hatte es ja verraten, dass man, im Norden von Russland nach Osten fahrend, leicht nach China gelangen könne, und *Herberstains* Ob mit dem Kythay-See, an welchem die Hauptstadt Chinas liegen sollte, lockte erst recht zu einer Nordostfahrt, zumal man ebenfalls aus *Herberstain* wusste, dass auch Nord-Europa umfahrbar sei, war doch nach seinem Bericht im 15. Jahrhundert schon ein russischer Gesandter zu Schiff um Nord-Europa herum nach Dänemark gekommen.

Da regte *Sebastian Cabot* in England es an, den Seeweg nach China im NO zu versuchen; eine englische Handelsgesellschaft bildete sich in London, in 1553 kam die erste Expedition mit 3 Schiffen auf

[41]) Siehe oben bei *Battista Agneses* Karte.

den Weg, doch nur eines, unter *Chancellor,* kam bis zur Dwina-Mündung und entdeckte auf diese Weise Russland von Norden her. Die Expedition verzichtete auf China, ging nach Moskau und knüpfte Handelsverbindungen daselbst an. Im Verfolg jener ersten Expedition kamen andere Engländer auf demselben Wege nach Russland; die englischen Handelsreisenden wurden bald politische Agenten. Ein solcher war *Anton Jenkinson;* viermal ging er nach Russland, in 1559, 1561, 1566 und 1567. Er gewann das Vertrauen des moskowitischen Grossfürsten und konnte dann als bevollmächtigter Gesandter der Königin *Elisabeth* diplomatische Aufträge ausrichten und für die Anglo-Moskowitische Compagnie Handelsverträge abschliessen.

Durch *Jenkinsons* Bemühungen wurde den Engländern der Überlandweg durch Russland nach Persien und Bochara gewonnen — er ging 1558 von Moskau nach Astrachan, fuhr über den Kaspischen See nach der Halbinsel Mangischlak und zog mit einer Karawane über Urgendsch nach Bochara. Englische Seeleute befuhren die Wolga und den Kaspischen See und vermassen die Tiefen des letzteren; 1562 reiste *Jenkinson* über Astrachan nach Kazwin in Persien.

Dem entspricht nun auch unsere Karte. Heben wir gleich *Jenkinsons* Hauptverdienst hervor: das sind seine Breitenbestimmungen. Schon von vornherein macht es einen vertrauenswürdigen Eindruck, dass er auf eine Längenskala, die doch nur schlecht hätte ausfallen können,[42]) verzichtet. Die Breitenbestimmungen der Orte, welche er berührte, sind für jene Zeit geradezu tadellos zu nennen, z. B. Dwina-Mündung 65°, Ustjug a/Dwina 61°, Moskau ca. 55°, Astrachan 46°, Asow 47°; selten beträgt die Differenz mit modernen Messungen über ½ Grad; seine Reiseroute ist auf seiner Karte leicht zu verfolgen; dort häufen sich die Orte. Im Norden beginnt die Route mit der Lapplandsküste, deren Punkte er jedenfalls in Übereinstimmung mit *Burrough,* einem Mitgliede der Expeditionen, oder nach dessen Manuskript-Karte festgelegt hat.[43]) Von dort ging die Fahrt an der

[42]) Längen-Bestimmungen wurden damals nur nach Schätzungen gemacht und deshalb stets übertrieben.

[43]) Diese Skizze des *William Burrough,* von 1558 datiert, die die Küstenfahrt von Drontheim bis Colmogoro an der Dwina-Mündung umfasst, müsste hier in die Kiewer Sammlung eingeschaltet werden. Sie wird in London handschriftlich aufbewahrt und ist zuerst von der *Hakluyt* Society im Jahre 1886 publiziert worden. cf. Works issued by the Hakluyt Society Nr. LXXIII p. 254. — Daselbst (Nr. LXXII p. 40) ist *Jenkinsons* Itinerar für alle Reisen von 1557—71 in eine moderne Karte eingetragen. Beide Bände der Hakl. Soc. enthalten *Jenkinsons* u. a. Engländer Reisen, herausgegeben durch *Morgan & Coote.*

Ostküste des Weissen Meeres direkt zur Dwina-Mündung; es fehlen deshalb auf seiner Karte die Kandalakscha- und die Onega-Bucht, und die Onega-Mündung ist 2° zuweit nach N verschoben. Den Verlauf der Dwina und Wolga, seinen Reiseweg mit Stationen bestimmt er richtig, aber alles abseits Gelegene, wofür er nicht verantwortlich gemacht werden kann, so den ganzen Westen, entlehnt er von *Wieds* Karte. Die Bifurkation zwischen Wolga und Don, die *Wied* und *Herberstain* haben, kennt er nicht, dafür giebt er aber dem Don drei apokryphe grosse Seen; den Übergang vom Oka- zum Dongebiet hat er nicht kennen gelernt, denn Tula fehlt dort.

Im Osten kopiert er *Herberstain,* und da er in Turkestan von dem grossen Aralsee hörte, der nach Norden zu lag, so identifizierte er denselben mit *Herberstains* Kythay-See und liess Amu und Syr, nachdem sie sich vereint, in ihn münden. Die hydrographischen Verhältnisse Turkestans konnte er jedenfalls nicht übersehen, zumal allerlei Sagen von einem alten Oxusbett, dessen Frage heute noch nicht entschieden ist, ihm in die Quere kommen mussten. Auch der Kaspische See, wenngleich er ihn ein wenig richtiger formte, blieb bei ihm in der westöstlichen Richtung noch stark überschätzt, in nordsüdlicher ebenso stark unterschätzt. So blieb der See bis auf Peters des Grossen Zeit.

Jenkinsons Karte war für des *Ortelius* Atlas bestimmt, und daher musste er, ähnlich wie es *Hogenberg* für gleichen Zweck mit *Wieds* Karte gemacht hatte, sein Kartenbild in westöstlicher Richtung über das, was er wusste, hinaus ausdehnen. So füllte er den weiten östlichen Raum, die ganze rechte Hälfte seiner Karte, östlich vom Ob, mit allerlei bildlichen Darstellungen von abergläubischen Sitten und Gebräuchen der westasiatischen Völker aus.

Bokatschew, im Begleitwort zu seinem Kataloge, gibt sich die Mühe, die sämtlichen legendären Texte dieser Bilder auf russisch wiederzugeben und führt dies mit den Worten ein: „Bei der Neigung der Seefahrer, bei ihrem Publikum Neugier und Neid zu erregen, bringt *Jenkinson* auf seiner Karte mehrere Legenden von Wunderdingen aus den Ländern, die er angeblich besucht hat, zu bildlicher Darstellung". Auch die „Solotaja Baba"[44]) *Wieds* und *Herberstains* fehlt nicht.

[44]) Dieses samojedische Idol macht die verschiedensten Phasen durch. In meiner oben bereits zitierten Abhandlung: Die ältesten Karten von Russland, Hamburg 1884 — habe ich aus den Schriftstellern des 16. Jahrhunderts manches darüber zusammengestellt: bei *M. v. Miechow* (1517) erscheint sie als eine einfache weibliche Statue, auf *Wieds* Karte von 1542 als Statue, ein Füllhorn tragend, auf

Jenkinsons Karte erscheint ausser bei *Ortelius,* wo sie die allerdings ältere *Wied'*sche Karte verdrängt hat, auch in anderen Sammelwerken, z. B. in *de Jodes* (oder *Cellarii*) Speculum Orbis terrarum von 1578, wo sie merkwürdigerweise als 6. Karte in dem 2. Teile erscheint, der betitelt ist: „Speculum Geographicum totius Germaniae imperium repraesentans".[45]) Sie ist hier auf ein Folioblatt beschränkt, und es entfällt daher die ganze nur mit Bildern gefüllte östliche Hälfte.[46])

Die sehr häufigen Nachstiche in kleinerem und kleinstem Formate registriert *Kordt* sehr gewissenhaft und gibt in den Nr. XVIII, XIX und XX dreierlei solche Miniatur-Ausgaben: aus *Petter Heyns'* Spieghel der Werelt, Antwerpen 1577; aus *Barent Langenes* Caert Thresor, Middelburgh 1598; aus *Epitome Theatri Orteliani,* Antwerpen 1601; alle 3 in Oktavformat.

Besonders für die Produktenkunde der kaspischen und turanischen Steppen wurde *Jenkinsons* Reise epochemachend; aber dadurch lenkte er auch den Blick West-Europas immer mehr in die östliche Ferne, und schliesslich wurde Russland nur noch als nötige Etappe auf dem Wege nach Persien und womöglich China angesehen.

Auf dem grossen *Molineux*-Globus in London von 1592 las ich die Worte: „Ingens flumen Wolga et littus Septentrionalis Caspii .... anno 1558 pervestigavit Antonis Jenkinsonus. Item 1562 Mediae et Persiae regni amplissima idem mare et flumen patefecit". Nach den Worten *S. Ruges* überbrückt *Jenkinson* im Orient die Zeit zwischen einem Marco Polo und dem 18. Jahrhundert.

Hogenbergs Kopie der *Wied'*schen Karte (1570) als Madonna mit einem Kind auf dem Arm; bei *Münster* ist ein goldenes Kalb daraus geworden; auf *Herberstains* Karte eine Statue à la Minerva mit einem Speer in der Hand; auf seiner deutschen Karte von 1557 als „guldene vetl" auf einem Throne sitzend, mit einem Kind im Arme; bei *Jenkinson* als Madonna mit 2 Kindern etc." — Über den mit diesem und anderen Idolen getriebenen Götzendienst schreibt am ausführlichsten Prof. *D. N. Anutschin* in seiner ethnographischen Studie: „Zur Geschichte der Bekanntschaft mit Sibirien vor Jermak; alte russische Nachrichten über die unbekannten Völker des Ostens". Moskau 1890, p. 53—60 mit bildlichen Darstellungen (russisch).

[45]) Die 2. Ausgabe dieses Speculum kenne ich nicht; ich besitze nur die 1. Ausgabe.

[46]) Breiten-Bestimmungen *Jenkinsons* (die heutigen in Klammer daneben) aus Hakluyt Soc. Nr. 72 p. 100: Moskau 55° 10′ (55° 45′); Weliki-Nowgorod 58° 26′ (58° 31′); Nishni-Nowgorod 56° 33′ (56° 20′); Colmogoro 64° 10′ (64° 13′); Vologda 59° 11′ (58° 15′); Kasan 55° 33′ (55° 48′); Astrachan 47° 9′ (46° 4′); Urdschend in Turkestan 42° 18′ (42° 32′); Boghar (Bochara) 39° 10′ (39° 46′).

Die Karte des Andreas Pograbius von 1570.

Kiewer Sammlung Nr. XXIII, doch nur die östliche Hälfte.[47]) Dazu schreibt *Kordt:* Die Karte des *Pograbius* umfasst Europa von der Oder- bis zur Dnjepr-Mündung. Sie ist 1569 gezeichnet und 1570 in Venedig „Nicolai Nelli formis“ gedruckt worden.

Vorher, bereits 1558, ist in Basel bei Oporinus eine Karte Polens und Littauens gedruckt worden, deren Autor *Wenzeslaus Godretzki*[48]) war. Dieselbe ist in alle Ausgaben des *Ortelius* aufgenommen, auch in *Matthias Quads* Geographisches Handbuch, Cöln 1600, und zwar seit 1595, wie *Kordt* berichtet, in einer durch *Pograbius* verbesserten Auflage, unter dem Titel: „Poloniae Lituaniaeque descriptio, Auctore Wenceslao Grodeccio, et correctore Andrea Pograbio Pilsniensi“.

Dass die *Pograbius*-Karte in ihren Daten richtiger und reichhaltiger sei, als die *Godretzkis*, kann ich nicht finden, doch kenne ich die Westhälfte nicht, die in der Sammlung fehlt. Die Breitenskala des *Pograbius* ist wertlos, da sie die Dnjepr-Mündung auf 49° statt 46½° verlegt, sowie auch der ganze Verlauf des Flusses als Schlangenlinie am Rande der Karte entlang keine Bedeutung hat.

Die ganze Karte hat nach *Kordt* grösstes Format (69,3×47,6 cm) und besteht aus zwei durch Doppellinien getrennten Hälften.

Hierher gehört auch die in *G. de Jodes* Speculum Orbis terrarum von 1578 befindliche Karte Polens von unbekanntem Verfasser, die aber das eigentliche Dnjepr-Gebiet ausschliesst.

Die Karte des Gerh. Mercator von 1594.

Kiewer Sammlung Nr. XXIV; Grösse 47,5×35,3 cm. Bei *Bokatschew* gehören hierher Nr. XX und XXI.

Kordt gibt für seine russischen Leser bei dieser Karte einen kurzen Abriss von der Entwicklung der *Mercator*-Atlanten von dem ersten lieferungsweisen Erscheinen in 1585 bis zur Vollendung und Erweiterung derselben unter seinen Erben im 17. Jahrhundert.[49])

Unsere Karte, 1594 kurz vor dem Tode *Gerhard Mercators* fertig geworden und 1595 von seinem Sohne *Rumold* zusammen mit den früheren Lieferungen herausgegeben, blieb auch in den späteren

[47]) Die Karte fehlt bei *Bokatschew*.

[48]) *Kordts* mehrfache Schreibweise *Grodetzki* statt *Godretzki* ist wohl ein Versehen. Den Namen des *Pograbius* schreibt *Ortelius* in seinem Catalogus auctorum: *Andreas Pagradus* Pilsniensis. In einem Briefe des *Nic. Secovius* an *Ortelius* (*Hessels*, Ortelii Epistulae p. 217) wird derselbe aber als *Pograbius* richtiggestellt. cf. *Nordenskjöld* Faks.-Atl. p. 125.

[49]) Nach *Raemdonck*, Gerhard Mercator. St. Nicolas 1869.

Auflagen des Atlas bis 1633 als „Russia cum Confiniis“ die massgebende Karte für Russland und wurde dann erst durch eine Karte *Isaak Massas* abgelöst.

Was in West-Europa zu Ende des 16. Jahrhunderts an kartographischer Technik geleistet wurde und an geographischem Wissen vorhanden war, das ist, wie allseitig anerkannt worden ist, bei *Mercator* zu finden. Trotzdem ist sein Kartenbild noch wenig befriedigend. Obwohl *Mercator* im Norden Russlands, im Gebiet der Dwina, dann auch in dem der Wolga sich eng an die gute Vorlage *Jenkinsons* angeschlossen, hat er sich nicht entschliessen können, dessen vorzügliche Breitenbestimmungen im südlichen Russland sich anzueignen. Indem er Asow wieder auf 50° N verschiebt, wird bei ihm das ganze Don- und Oka-Gebiet, wie vor *Jenkinson*, eingeengt und kommt nicht zu genügender Entwicklung; auch die Bifurkation zwischen beiden Flüssen wird wieder hergestellt. Das Schlimmste dabei war, dass auf seine Autorität hin diese Fehler noch fast 100 Jahre, auf einigen Karten noch länger, sich erhielten.[50])

Der ganze Nordwesten Russlands mit dem nach Norden umgebogenen Finnischen Golf und dem kümmerlichen Reste eines Ladoga-Sees ist so mangelhaft dargestellt, dass es sich nicht der Mühe lohnt, ihn nach seinem Vorbilde zu fragen.

Was die Karte von N nach S zu wenig hat, wird ihr reichlich ersetzt durch ihre Ausdehnung von W nach O; infolgedessen hat der Ural seine einfache meridionale Entwicklung, die ihm schon *Herberstain* richtig gegeben hatte, wieder eingebüsst; der Ural verbreitet sich über ein Gebiet von 20 Längengraden; die west-östliche Ausdehnung des Gebietes zwischen Bottnischem Golf und Ural resp. Ob hat immer noch einen Überschuss von mindestens 10 bis 15 Längengraden über die Wirklichkeit. Zum Teil hängt dies wohl zusammen mit der aus dem Altertum stammenden Überschätzung der Längsaxe des Mittelmeeres, die *Mercator* freilich etwas reduziert, aber immer noch zu gross belassen hat; denn nach der Ausdehnung des Mittelmeeres mussten das Schwarze Meer und der Kaspische See einigermassen eingestellt werden. Das Obgebiet wird durch die breite Entwicklung des Urales an dessen Ostrand verschoben und durch Verwechslung seiner Tributäre untereinander daselbst grosse Unklarheit beibehalten.

---

[50]) Erst auf *Beauplans* vortrefflicher Karte der Ukraine von 1660 (siehe weiter unten!) und nur bei ihm finden wir im 17. Jahrhundert *Jenkinsons* gute Breitenbestimmungen.

Auf einem Kärtchen in der rechten unteren Ecke gibt *Mercator* das zentrale Quellgebiet in vergrössertem Massstabe, wo sich die Quellen der isoliert entspringenden Flüsse genügend erkennen lassen.

Eine einfache, ziemlich rohe Kopie der *Mercator'*schen Karte ist ein Holzschnitt *Neugebauers* (34,3 × 40,5 cm), Nr. XXVIII der Sammlung, aus dessen „Moscovia", die 1612 zu Danzig erschien. Der Verfasser stammte aus Preussen, war Schulrektor in einer kleinen Stadt Polens, aber nicht selber in Russland gewesen. Die Karte fehlt bei *Bokatschew.*[51])

Die Karte des Maginus von 1596.

Kiewer Sammlung Nr. XXV, aus dem lateinischen *Ptolemaeus* des *Maginus*, Venedig 1596; Kupferstich, Grösse 17,1×12,4 cm.

Sie erinnert in manchen Einzelheiten an *Herberstain* (Ladoga- und Kythay-See, Bifurkation von Wolga und Don), noch mehr an *Gastaldo,* dessen falsche Breiten-Bestimmungen sie zeigt.

Eine etwas grössere Kopie dieser Karte (28,5×21,5 cm) ist ein Kupferstich von *Matthias Quad,* betitelt „Moscoviae imperium" aus dessen Geographischem Handbuch, Cöln 1600 (Kiewer Sammlung Nr. XXVII; fehlt bei *Bokatschew*). Obwohl sie jede Bifurkation vermeidet, ist sie sonst genau dem *Maginus* nachgebildet. Übrigens bilden beide Karten keinen Fortschritt in der Kartographie Russlands.

(Boteros) Karte von Polen, Littauen, Livland von 1595.

Kiewer Sammlung Nr. XXI, nach W orientiert, Grösse 19,3×29,4; sie fehlt bei *Bokatschew.*

Die Karte umfasst das ganze Ostsee-Gebiet, reicht im W bis Hamburg, im O bis zur Wolgaquelle, im S bis Rom, im N bis Wardoehuus. Sie ist ziemlich dürftig und leer, nur das Gebiet zwischen Ostsee und Schwarzem Meer, das sich etwa mit der Überschrift deckt, ist mit zahlreichen Städten und mehrfachen Bifurkationen von Flüssen ausgefüllt. Sie stammt aus *Botero,* theatrum principum Orbis universi, Cöln 1596.

---

[51]) Die „Moscovia" *Neugebauers* ist auch eine jetzt seltene Schrift. Mir liegt das Exemplar der Göttinger Universitäts-Bibliothek vor.

Hiermit sind wir an der Jahrhundertwende angelangt, und es beginnt, wie in der Einleitung gesagt worden, die 2. Periode des ersten Jahrhunderts russischer Kartographie: wir haben es nunmehr mit Karten zu tun, die freilich auch im Ausland erschienen sind, aber nach eigener Aussage ihrer Herausgeber ganz oder teilweise auf russische Vorlagen zurückzuführen sind.

Vermittler dieses Wissens scheint in erster Linie der Niederländer *Isaak Massa* aus Haarlem zu sein. Derselbe kam schon als Jüngling nach Moskau, um das dortige Handelsgeschäft zu erlernen, beherrschte bald die russische Sprache und sammelte in den 8 Jahren seines ersten Aufenthaltes, von 1601—09, eine Menge Nachrichten über Geschichte und Natur des Landes; musste dann während der politischen Wirren in Moskau nach Holland zurückkehren und schrieb daselbst eine Geschichte dieser Wirren bis 1610. Das im Haag noch aufbewahrte Manuskript ist erst vor 40 Jahren veröffentlicht worden.[52])

Massa nahm auch regen Anteil an der damals noch immer lebhaft geführten Polemik über die Möglichkeit einer nordöstlichen Durchfahrt nach China. Die Stadt Amsterdam wollte ihm eine Versuchs-Expedition anvertrauen; er war aber in dieser Frage nicht sehr hoffnungsvoll und lehnte ab. Die Resultate seiner persönlichen Bemühungen um Klärung dieser Frage wurden von ihm in Amsterdam veröffentlicht in einer kleinen Sammelschrift, unter dem Titel: „Beschryvinghe van der Samoyeden landt in Tartarien. Nieulijcks onder't ghebiedt der Moscoviten gebracht. Ut de Russche tale overgheset, Anno 1609. Met een verhael van de opsoeckingh ende ontdeckinghe van de nieuwe deurgang ofte straet int Noordwesten na de Rycken van China ende Cathay . . . Amsterdam by Hessel Gerritsz, Anno 1612, 4°.

---

[52]) *M. Obolensky* und *A. van der Linden*, Histoire des Guerres de la Moscovie, 1601—10, par Isaak Massa de Haarlem, 2 ps. Bruxelles 1866 (franz. u. holl. Text). Diese Mitteilungen eines gebildeten Augenzeugen über die für die Entwicklung Russlands wichtige Periode scheinen wenig bekannt zu sein. Das schliesse ich aus dem billigen Preise, zu dem das 2 starke Oktavbände umfassende Werk antiquarisch angeboten wird. Jedenfalls fehlt es auch auf unseren beiden Hamburger öffentlichen Bibliotheken. — Es enthält ausser dem holländischen Texte *Massas* auch eine französische Übersetzung desselben und eine 116 Seiten lange Biographie *Massas*, sowie eine Kopie des von *Massa* mitgebrachten russischen Originalplanes von Moskau.

Zu dieser Schrift gehören 3 Karten: 1. eine Weltkarte; 2. eine „tabula nautica“ für *Hudsons* Fahrten im NW; 3. die uns hier allein interessierende Karte (unsere Karte II) mit der Überschrift: „Caerte van't Noorderste Russen, Samojeden, ende Tingoesen landt: alsoo det vande Russen afghetekent, eñ door Isaak Massa vertaelt is. 1611“.[53])

Massa selber sagt von dieser Karte (l. c. p. 11): „Vivebat tum temporis in Moscovia amici mei frater, qui his detectionibus (es sind die Fahrten zum Ob gemeint) comes fuerat, is tabulam quandam, ex fratris jam defuncti ore exceptam et a se delineatam nobis tradidit, ipse vero fretum Waygatz penetraverat omniumque locorum usque ad Obi gnarus est, qui vero situs regionum ultra flumen (scil. Obi) cognovit ex aliis. Est sola haec quam damus tabella rudis duntaxat illius orae delineatio maritimae, eamque magna molestia mihi comparavi, si vero resciscerent illi quorum interest, actum esset de Moschi illius vita, nomen ideo illius non prodimus“.

Und an anderer Stelle, in einer kleinen Schrift über sibirische Völkerschaften, heisst es am Schluss: „Haec sunt quae maximo studio, resciscere potui, in Urbe ipsa Moscua, de coloniis ductis in maximam Regionem Siberiae, cum adjacentibus Tartaris, Scythicisque nationibus: plura non licuit inquirere, imo difficile fuit, haec quae retuli impetrare ab aliis, cum Russis maxime displiceat, si exteris secreta Regni innotescant“.

Wir sehen daraus, wie schwer es war von den Russen eine handschriftliche Zeichnung zu erhalten. Deshalb sollte aber unser Kärtchen, das seinen naiven Ursprung an der Stirn trägt, als erstes, von Russen selber gefertigtes, kartographisches Dokument jeder historischen Sammlung russischer Karten einverleibt werden. Es

---

[53]) Zu dieser kleinen jetzt höchst seltenen Schrift von nur 40 Seiten in 4°, will ich bei dieser Gelegenheit 2 bibliographische Eigentümlichkeiten erwähnen, die das mir vorliegende Exemplar der Göttinger Univ. Bibliothek, abweichend von sonst bekannten Exemplaren, zeigt. Einmal sind sämtliche 3 oben genannten Karten auf eigene Blätter gedruckt, also ohne Text in verso, wie es sonst nur für eine spätere lateinische Ausgabe bekannt ist; ferner die gerade uns interessierende dritte Karte ist ausdrücklich, wie unsere Karte II zeigt, von 1611 datiert, was von keinem andern, weder holländischen, noch lateinischen Exemplar, bekannt ist; die Karte wird deshalb immer nach dem Titel des Buches von 1612 datiert. — Die lateinische Ausgabe, die z. B. *Hiekisch* (Tungusen, St. Petersburg, 1879) benutzt hat, zeigt gänzlich umgestaltete und zum Teil entstellte Titel (wenigstens die Karte).

fehlt sowohl der Kiewer Sammlung, als auch bei *Bokatschew*. *Nordenskjöld* gibt in dem Bericht über seine Vega-Fahrt allerdings eine Kopie der Karte, geht aber mit keinem Worte auf diese ein; neuere Beschreiber[54]) Nowaja Semlja's, für dessen Entdeckungsgeschichte sie besonderen Wert haben sollte, nennen oder kennen sie kaum. Von früheren macht *E. v. Baer* aufmerksam darauf, welches Interesse sie für die Geschichte Russlands haben müsse,[55]) und *J. Hamel* beschäftigt sich sehr eingehend mit ihr.[56])

Man sieht auf dem Blatte die Küste des Nordmeeres mit ihren vielen Buchten, wie sie sich in der Vorstellung der Russen, die dort die Jagd betrieben, darstellte; wir sehen die Tragplätze, die die Jäger benutzten um das offene Meer zu vermeiden, z. B. von der Mutnaja zur Selenaja (Ob-Tributär), wir sehen vor allem als „Nowaja Semlja" nur die kleinere Südhälfte der Doppelinsel von den Russen benannt, während die nur teilweise sichtbare Nordhälfte hier unbenannt ist.[57])

Jedenfalls geht allein daraus, dass die Holländer bereits in den achtziger Jahren des 16. Jahrhunderts die Namen Nowaja Semlja und Waygatz vorfanden, und niemand es versuchte, diese durch andere zu ersetzen, hervor, dass diese Gebiete längst von Russen besucht wurden und benannt waren. Die Holländer fanden auch auf der Westküste der Inseln bereits Landmarken in Gestalt von Kreuzen, die die Russen gesetzt hatten.

Auf unserer Karte ist von besonderem Interesse, dass, nachdem die russische Vorlage kopiert und graviert war, später die Profile der Westküsten hinzugestochen wurden, wie sie auf Karten, die von *Barentz'* Reisen stammten, entworfen waren. Weiter als bis Nowaja Semlja waren die Holländer nicht gekommen.

---

[54]) *H. Toeppen*, die Doppelinsel Nowaja Semlja; Geschichte ihrer Entdeckung, Leipzig 1878, und *J. Spörer*, Nowaja Semlja in geographischer, naturhistorischer und volkswirtschaftlicher Beziehung, Gotha 1867 (Pet. Mitt. Erg.-Hft 21).

[55]) Bulletin Scientifique de l'Académie des Sciences, St. Petersbourg 10, 1842 p. 267.

[56]) *J. Hamel,* Tradescant der Ältere in Russland 1618: St. Petersbourg, Recueil des Actes de l'Acad. des Sciences 1847, und *J. Hamel,* England und Russia, London 1854.

[57]) Über die verschiedenen Benennungen der Inseln und Strassen bei Russen und West-Europäern, siehe *Hamel,* Tradescant der Ältere in Russland 1618, p. 3 ss.

Oben links auf der Karte befindet sich eine Kartusche, mit der Überschrift: „Verclaringe van somighe Rusche namen“, worin die russischen Namen holländische Erklärung finden, während sie in der lateinischen Ausgabe derselben Schrift — teilweise missverstanden — latinisiert wurden.

Den Wert einer solchen rohen, aber nach eigener Erfahrung und Anschauung gefertigten Skizze ersieht man eigentlich erst, wenn man ihr eine Karte von etwa gleichem Zweck und Inhalt, die aber ein theoretisch gebildeter Kartograph entworfen hat, entgegenhalten kann. Wir haben eine solche von *Pontanus*, der in demselben Jahre 1611 die Geschichte der holländischen Seefahrten im Nordmeere auf einer Karte von sternförmiger Polarprojektion zu Papier brachte.[58]) Da finden wir, obgleich die Holländer nur Nowaja Semlja erreicht hatten, weit im Osten ein Stück von Amerika und davor die sehr breite rein hypothetische Anian-Strasse[59]) (fretum Aniani) mit dem Zusatz: „si modo fretum sit plurimis enim argumentis ostendi potest Asiam ab America majori distantia disjungi“. Aber noch mehr: Auf dem Wege dahin, wie eine Vorahnung der Wirklichkeit, ist — dem *Plinius* zu Liebe — das ebenso hypothetische Promontorium Tabin als rechtwinkliger Vorsprung an der Nordküste Asiens gezeichnet, mit dem Zusatze: „Promontorium Tabin Plinio, cujus tamen verus situs ignoratur, adjunximus autem ne aliquis hic deesse aliquid putet“. Da dieses Kap aber der noch immer erhofften Durchfahrt nach China störend in den Weg treten musste, so steht nahe dabei folgende tröstende Legende: „Ex nuperrimis observationibus e China allatis credibile est Asi(am) non ultra 50 gradum latitudinis in Septentrionem extendi.“ (!) — Kap Tabin reicht dort bis 74°!

Das andere Beispiel einer hypothetischen Konstruktion ist die im offenen Polarmeere gezeichnete Insel „Tazata I. Plinii, incognita“. Unsere anspruchslose russische Karte kennt weder Anianstrasse noch Kap Tabin, wohl aber eine Tazata-Insel in der gleichnamigen Tas-Bucht[60]), einem golfartig erweiterten Nebenfluss des Ob, tief im Binnenlande, eine wichtige Fangstation, woher die wertvollsten schwarzen Zobelfelle kamen.

---

[58]) *Pontanus*, Rerum et Urbis Amstelodanensium Historia, Amsterdam 1611. Die Karte findet sich bei folio 128 auf einem Doppelblatt als: „Tabula geographica in qua admirandae navigationis cursus et recursus designatur“.

[59]) Dieser Name findet sich zuerst auf einer Karte von Bolognini Zaltieri von 1566, s. *Kretschmar*, Entdeckung Amerikas p. 440.

[60]) „Tasofskaja goeba“ der Karte. Die 1601 am Tas erbaute Stadt Tasofskoi ist auch bereits zu sehen.

Auch diese Karte des *Pontanus* sollte als Pendant zu *Massas* Karte nicht fehlen.

In 1613 kehrte *Massa* nach Moskau zurück und stand von nun an als diplomatischer Agent im Dienste der niederländischen Generalstaaten. Als solcher erfreute er sich des Wohlwollens des Zaren, mit dem er auch vom Auslande aus korrespondierte.

Die Karte des Isaak Massa von [1612--]1633.

Im Texte der Kiewer Sammlung folgt zwar zunächst die Karte *Gerards* von 1614. Um aber den geschichtlichen Faden nicht zu verlieren, und da die *Gerard'*sche Karte selber in der Sammlung garnicht einmal vertreten, sondern nur als Überschrift eines neuen Typus aufgestellt ist, so bleiben wir hier zunächst bei *Massa*.

Mit den beiden Karten *Massas* von 1633 (Nr. XXIX und XXX der Sammlung) greift der Verfasser der Kiewer Sammlung uns zeitlich weit vor, doch ist in diesem Falle die Jahreszahl nicht von Bedeutung. Obige Karten *Massas* sollten, von 1633 an, *Mercators* eigene Karte von Russland in seinen Atlanten ersetzen, aber *Massa* hat bereits von 1612 an mindestens folgende 3 Karten von Russland veröffentlicht, die allmählich in verschiedene Atlanten aufgenommen wurden: 1. „Tabula Russiae", von der Nr. XXIX der Kiewer Sammlung eine Wiederholung ist, mit der Widmung an den niederländischen Händler *Isaak Bernaert;* 2. „Russiae, vulgo Moscovia dictae, Partes Septentrionalis et Orientalis"; 3. „Russiae, vulgo Moscovia, Pars Australis"; hiervon ist Nr. XXX der Sammlung eine Kopie, aber der sonst auf den *Massa'*schen Karten in heraldischer Kartusche angebrachte alte russische Adler ist hier durch eine gewöhnliche Kartusche ersetzt, in welcher der Herausgeber *Joannes Janssonius* die Karte dem Autor selber gewidmet mit den Worten: „D. ISAACO MASSA Equiti Nobilissimo et Regiae Suecorum Majestatis Delegato Amplissimo".

Massas Karten sind in Kegelprojektion entworfen mit den Parallelen als Kreisbögen, letztere sind aber nur auf der Karte von Gesamt-Russland ausgezogen, nicht auf den Teilkarten.

Das Kartenbild ist im Norden, wo die Holländer Bescheid wussten, ziemlich richtig dargestellt, im Süden hingegen wegen der nach *Mercators* Vorgang beibehaltenen nördlichen Verschiebung des Asowschen Meeres sehr mangelhaft. Hier beträgt der nordsüdliche Abstand zwischen Don-Quelle und -Mündung nur 4° statt 7°, so dass der in Wahrheit meridional gerichtete Oberlauf des Don westöstlich, parallel zum Unterlauf, erscheint.

In *Bokatschews* Katalog stehen drei Nummern *Massa*'scher Karten, Nr. XXII, XXIII und XXVI für Nord-Russland, XXVII und XXXIII für Süd-Russland und XXV (von 1621) für ganz Russland.[61])

Massa hat schon bei Gelegenheit der Karte von 1611 uns gezeigt, wie schwer es ihm geworden, sich schriftliche Informationen und zeichnerische Belege über russische Verhältnisse zu verschaffen; es mag hier noch ein anderes Beispiel folgen: Es handelte sich für ihn darum, einen Plan der Stadt Moskau zu erhalten. Er selber schreibt dazu:[62]) „Pendant tout le temps que je demeurai à Moscou, j'ai fait de grandes tentatives pour me procurer une représentation fidèle de cette ville, mais jamais je ne pus l'obtenir. Il n'y a pas de peintres en ce pays et ils n'y seraient point considérés, attendu qu'on n'y a aucune connaissance des arts. Cependant on y trouve des sculpteurs et des facteurs d'idoles, mais jamais je n'aurais osé proposer à quelqu'un d'eux de me faire un dessin de la ville, car on m'eût bien vite empoigné et livré à la torture, dans la persuasion qu'en demandant une pareille chose, je devais méditer quelque trahison. Sur ce point là, ce peuple est tellement soupçonneux que personne n'eût été assez hardi d'entreprendre ce travail.

Il y avait dans ce temps-là, à Moscou, un gentilhomme qui avait reçu au siége de Kromy une blessure à la jambe qui le forçait d'être perpétuellement assis, chez lui. Ayant une vive passion pour le dessin, il tenait parmi ses domestiques un sculpteur d'idoles qui lui apprenait à dessiner et il exécuta, entre autres, une vue de Moscou tracée à la plume.

Le marchand chez lequel j'apprenais le commerce connaissait ce gentilhomme et m'envoyait parfois chez lui avec des étoffes de damas ou de satin. Souvent alors, l'ancien soldat m'interrogeait sur les coutumes et sur la religion de mon pays, sur nos princes et nos hommes d'état: je lui donnai sur ces points les meilleurs renseignements et lui fis présent de quelques estamps représentant les

---

[61]) *Massas* Karten sind meist undatiert, aber fast unverändert geblieben; die Zugehörigkeit zu einem datierten Atlas setzt nur der Vorwärts-Datierung der Einzelkarte eine Grenze, so ist z. B. die grosse *Radziwil*'sche Karte von Littauen (74 × 76 cm) im Blaeu'schen Atlas, die auch in unsere Periode gehört, bei der aber russische Vorlagen ausgeschlossen sind, von 1613 datiert und von *Hessel Gerard* gestochen, auch noch 40 Jahre später unverändert in den Blaeu'schen Atlanten. *Kordt* nennt diese nur bei Nr. XXXI; bei *Bokatschew* fehlt sie.

[62]) Ich zitiere nach der französischen Übersetzung von *Obolenski* und *Van der Linde* in dem oben zitierten Werke: Histoire des Guerres de la Moscovie par Massa, 1866 t. II, p. 165—67.

batailles de son Excellence notre Prince, telles que le combat de Turnhout et les campagnes de Flandre, avec les siéges des villes. Ce présent lui fut si agréable et l'étonna tellement qu'il ne s'avait ce qu'il m'aurait offert en retour, pour m'exprimer sa reconnaissance. „Demandez-moi ce que vous voulez, me dit-il, et je le donnerai, et si je puis vous rendre quelque service par mon crédit à la Cour de Moscou, ne m'épargnez point.“

Dans l'élan de sa joie, il appela sa femme et me la fit voir: cette dame me donna un mouchoir brodé. C'est le plus grand honneur que les Moscovites croient faire à quelqu'un, que de leur montrer leurs femmes qui vivent renfermées dans les appartements secrets où personne ne peut les voir. Mais comme il aimait beaucoup à m'avoir auprès de lui, à cause des récits que je lui faisais de tout ce que je puis savoir, et comme il désirait vivement m'offrir quelque chose en retour, je me hasardai de lui demander une vue de la ville de Moscou.

En entendant cela, il me jura que si je lui avais demandé un de ses meilleurs chevaux, il me l'aurait donné beaucoup plus volontiers. Mais comme il me tenait pour son meilleur ami, il me donna ce dessin, à condition de lui jurer que jamais je n'en dirais rien à un Moscovite et ne dévoilerais le nom de celui de qui je le tenais. „Car, disait-il, je courrais risque de la vie si l'on savait que j'ai fait le dessin de la ville de Moscou et que je l'ai donné à un étranger; on me tuerait comme un traître.“

J'ai placé ici dans ce livre, ce dessin qui est fait à la plume avec tant d'exactitude que, vraiment, vous avez la ville devant vos yeux. Je l'offre avec ce petit ouvrage, qui n'en vaut pas la peine, à mon meilleur ami etc.“[63])

An anderer Stelle sagt *Massa*: „Ce que je sais, je l'ai recueilli avec la plus grande peine et je le dois à l'amitié de quelques personnes de la cour de Moscou, qui, pour l'affection qu'elles me portaient, me confièrent ces renseignements après avoir hésité bien longtemps avant de me les donner. Il pouvait leur en coûter la vie; car le peuple russe est extrêmement défiant et ne peut supporter que l'on découvre les secrets de son pays.“

---

[63]) *Massa* meint damit den Prinzen *Moritz von Nassau*, von dem er eine Anstellung im niederländischen Staatsdienste erhoffte. Dieselbe erfolgte aber damals nicht. Der Plan von Moskau aber ist Manuskript geblieben, bis er im Jahre 1866 zugleich mit *Massas* Histoire des Guerres de la Moscovie herausgegeben wurde. Ein anderer Plan findet sich auf der Karte von *Hessel Gerard*.

Aus all diesen Mitteilungen geht hervor, dass *Massa* immerhin manches erreicht hat, was andern Fremden unmöglich war, und es hatte den Anschein, als habe die ganze Wissenschaft, die man damals von Russland hatte, nur auf 2 Augen, nämlich denen *Massas,* gestanden. Wir werden ihm bald wieder begegnen.

Die Karte des Hessel Gerard von 1614.

Wir wissen, dass schon zu Ende des 16. Jahrhunderts auf Anordnung des Zaren ein „Bolschoi tschertesh" d. i. „ein grosser Riss" hergestellt wurde, der für die Sendlinge des Zaren als Marschroutenkarte dienen sollte. Diese Karte ist verloren gegangen, aber es sind Kommentare[64]) dazu, Itinerarien, erhalten, aus denen wir über Zweck und Inhalt der Karte unterrichtet sind. „Auf derselben waren Städte, Flüsse, Seen, Staatsgrenzen u. a. nach mehr oder weniger genauen Abmessungen eingetragen."

Wann genau der Bolschoi tschertesh hergestellt wurde, wissen wir nicht. *Lehrberg*[65]) vermutet i. J. 1599. Es ist anzunehmen, dass nach der Unterwerfung Sibiriens besonders lebhaft das Bedürfnis empfunden wurde, sich durch irgend ein Orientierungsmittel im weiten Reiche zurechtfinden zu können. Im Jahre 1587 wurde Tobolsk gegründet und zur Hauptstadt Sibiriens erklärt; damit war dieses weite Gebiet dem Reiche angegliedert. Vom Jahre 1588 wissen wir aus einer Notiz des Dichters *John Milton,*[66]) dass schon der Zar *Feodor* (1584—98) Anstrengungen machte den englischen Mathematiker und Astronomen *John Dee* nach Moskau zu berufen; das konnte doch nur für Vermessungen und Aufnahmen im Reiche gemeint sein. Die Worte *Miltons* lauten: „1588: Dr. Giles Fletcher went ambassador from the queen to Pheodor then emperor . . . this emperor, upon report of the great learning of John Dee the mathematician, invited him to Mosco with offer of two thousand pounds a year, and from

---

[64]) Ein solcher Kommentar führt den Titel: „Kniga Bolschomu tscherteshu", d. i. „Buch des grossen Risses". Es wurde herausgegeben von *Janikow,* St. Petersburg, 1838; desgleichen von *Spasski,* Moskau 1846.

[65]) *Lehrberg,* Untersuchungen zur Erläuterung der älteren Geschichte Russlands; St. Petersburg 1816.

[66]) The works of *John Milton,* Historical, Political and Miscellaneous, London 1753, t. II p. 165. Ich zitiere die Gesamtausgabe seiner Prosa-Werke, weil ich den Einzeldruck der „Moscovia" nicht kenne. — Seine Moscovia ist ein Abriss des Landes und seiner Geschichte, soweit diese durch die Reisen und Gesandtschaften der Engländer im 16. Jahrhundert in England bekannt geworden waren. — In obiger Ausg. umfassst die Moscovia im 2. Teil p. 145—67.

prince Boris one thousand marks; to have his provision from the emperor's table, to be honourably received, and accounted as one of the chief men in the land. All which Dee accepted not".

Aus dem Zitat geht wohl hervor, dass *Boris,* der Regent unter *Feodor,* der eigentliche Urheber des Gedankens war, und da *John Dee* im Jahre 1588 nicht annahm, so kann *Lehrberg* mit dem Jahre 1599 recht haben; denn von *Boris,* der seit 1598 auf dem Zarenthron sass, wissen wir, dass er, obwohl selber des Lesens und Schreibens unkundig, seinem Sohne *Feodor* eine vorzügliche Ausbildung zu teil werden liess, wozu auch eine kartographische Orientierung im Reiche gehörte.

Nach beider Tode (1605) kam die Zeit der Wirren, und es ist wohl möglich, dass bei dieser Gelegenheit manches Geheimnis aus Russland seinen Weg nach dem Westen Europas fand.

Jedenfalls erschien, als nach Beendigung der Wirren in Moskau, im Jahre 1613 der erste Romanow *Michael Feodorowitsch* auf den Thron gekommen war, sofort im nächsten Jahre 1614 zu Amsterdam eine Karte von Russland, welche von dem Herausgeber *Hessel Gerard* dem neuen Zaren gewidmet war. (Siehe unsere Karte III, linke kleinere Hälfte!)

Die Karte trägt links unten eine mit dem russischen Doppeladler und anderen Emblemen verzierte Kartusche mit folgender Inschrift: „TABVLA RVSSIÆ ex autographo, quod delineandum curavit Foedor filius Tzaris Boris desumpta; et ad fluvios Dwinam, Zuchanam, aliaque loca, quantum ex tabulis et notitiis ad nos delatis fieri potuit, amplificata: ac Magno Domino, Tzari et Magno Duci Michaëli Foedrowits omnium Russorum, Autocratori Wolodimeriae, Moscoviae et Novogardiae . . . dedicata ab Hesselo Gerardo. MDCXIII I".

Ausserhalb der Kartusche, unten am Kartenrande steht: „Amstelodami, Excusum Apud Guiljelmum Blaeu". Oben links in der Ecke befindet sich ein Plan von Moskau, der ebenfalls durch die Unterschrift „ad Architypum Foedori Borissowitsi" seinen Ursprung verrät.

Auf welchem Wege *Gerard* zu den russischen Vorlagen der Karte, wie des Planes gekommen, ob auch hier *Massa* der Vermittler gewesen ist, wie vielfach vermutet wird, und an den man zunächst denkt, zumal *Gerard* auch für ihn Karten verlegte, bleibt vorläufig eine offene Frage.

Dass aber bei Herstellung der Karte eine russische Vorlage mit im Spiele war, beweist ausser obiger Titel-Legende noch ein höchst charakteristisches Vorkommnis auf der Karte, nämlich die mauerartige Bezeichnung der Linie, auf welcher der zum Schutz gegen die

Krim-Tataren angelegte Verhau sich entlangzog. Der russische Name dafür ist Sassjeka, und als Erklärung für die Verhau-Zeichnung steht daneben zu lesen: „Saisek constans nemoribus desectis et vallis, a Tzar Foedor Juanowitz aggestum contra irruptiones Tartarorum Crimensium". Der Verhau zieht sich auf der ganzen Südgrenze Moskowiens hin, von Saratow an der Wolga in einem nach N konvexen Bogen bis zum Unterlaufe des Dnjepr.

Bei *Ustrialow*[67]) lesen wir darüber folgendes: „Der Regent (scil. *Boris*) machte im Jahre 1591 den Einfällen der krimschen Horde ein Ende: er gründete viele Festungen, erneuerte und befestigte Städte an der Südgrenze z. B. Kursk, Liwny, Kromy u. a., und errichtete den sogenannten Verhau, eine Linie, teils natürlicher, teils künstlicher Befestigungen; in waldigen Gegenden liess er Bäume über die Wege rollen, in den Flüssen und den Furten Pfähle einschlagen, in den Steppen Gräben ziehen und verpalisadierte Schanzen aufwerfen, namentlich aber liess er die Wege durchstechen, auf denen gewöhnlich die Tataren einbrachen. Dies Verteidigungssystem wurde bis auf Peter den Grossen befolgt etc."

Auf die Wichtigkeit dieser Karte *Gerards* hinzuweisen, ist Aufgabe der oben unter Nr. III aufgeführten Schrift *J. J. Sstebnizkijs*: „Über die erste bekannte russische Originalkarte des europäischen Russlands".

Diese Abhandlung gibt ausser einer photolithographischen Kopie in Originalgrösse auch alle literarischen Nachweise über den Bolschoi Tschertesh, der hier wohl allein als Vorlage für unsere Karte in Frage kommen kann.

Auch auf die Richtigkeit wird das Kartenbild vom Verfasser geprüft. Die Karte ist in Kegelprojektion mit geradlinigen Meridianen und Parallelen als Kreisbögen entworfen, aber Längen- wie Breiten-Bestimmungen haben sich gegen früher noch nicht gebessert: die Längen-Differenz von Asow und Astrachan beträgt statt ca. 9° noch 15° und die Breite von Asow ist nach *Mercators* Vorgang immer noch 50° N.

Hierfür ist folgende Anmerkung interessant, die am Rande über der Titel-Kartusche steht: „Thomas Makovius, in sua Lithuaniae Tabula, Kiow sub latitud. 50 gr. 10 min. Czirkassi ad 49 gr. posuit: et Oczakow 67 miliaribus versus Meridiem a Czyrcassi distantem. Tabula vero quae mihi in hac delineanda typus fuit novam urbem

---

[67]) Geschichte Russlands, Stuttgart 1840 I p. 284.

Borissagroda, Assow, nec non Astracan in latitud. 48 gr. collocavit: cum vero et unus et alter, partes Septentrionales nimium versus Boream collocavit, itaque in locis quoque ad Meridiem vergentibus iis fidem adhibere ausus non fui, motus praecipue veterum authoritate in eorum Constantinopolis collocatione. Partes tamen Meridionales, paululum declinando inferius me delineare potuisse autumo, propterea quod Angli, Astracan in latitud. 46 gr. 10 min. se invenisse scribant".

Es geht hieraus hervor, dass ***Hessel Gerard*** die besseren Breitenbestimmungen der Engländer wohl kannte, dass auch seine russische Vorlage, denn die allein kann doch mit dem „Typus" gemeint sein, für Asow und Astrachan geringere Breiten hatte. Trotzdem behält er aus verschiedenen Vorurteilen die *Mercator*'sche Breitenbestimmung bei.

Während *Bokatschew* von *Gerards* Karte (1614) vier Nummern hat (XXVIII bis XXXI), gibt die Kiewer Sammlung als Repräsentanten des *Gerard*'schen Typus nur die folgende Karte:

Karte des Niklas Vischer von 1651 [ed. I **1631**].

(Nr. XXI der Kiewer Sammlung, bei Bokatschew Nr. XXXIX und XL.)

Der Verfasser, auch *Nicolaus Johannes Piscator* genannt, hatte diese Karte bereits im Jahre 1631 gestochen und herausgegeben, erneuerte aber den Stich und widmete sie im Jahre 1651 dem Zaren *„Michaël Foedrowits"*, der seit 1645 garnicht mehr unter den Lebenden weilte. Auch ist der Titel der Karte geändert in „Tabula Russiae ex mandato Foedor Borissowits delineata. Magno studio pluribus in locis aucta, edita et Magno Domino, Tzari . . . . dedicata a Nicolao Joannis Piscatore 1651."

Der Plan von Moskau ist etwas verkleinert und hat eine Überschrift bekommen: „Celeberrima Ingens et Imperialis Civitas Moscua" und hat neben sich den russischen Doppeladler. Über der Titelkartusche, unten links, ist der Adler verschwunden und dafür sechs Leute in russischer Tracht postiert. Unter der Kartusche befindet sich ein Massstab für Werst und Meilen (500 Werst = ca. 93 Meilen). Rechts auf der Karte, wo bei *Gerard* das Bild von Archangel mit drei Figuren war, bringt *Vischer* fünf neue Ansichten: 1. Russche Narva sive Ivano-gorod, 2. Archangel, 3. Curia Imperialis Russi appellata Kremelena-gorod (Kreml), 4. Hypocausta Russorum (d. i. heizbares hölzernes Bauernhaus), 5. Molendina Russorum (russische Wassermühle).

Topographische Daten sind auf der Karte hauptsächlich ausserhalb der russischen Grenzen nachgetragen, wie rings um den Kaspischen See, im Donau-Gebiet, an der Ostsee-Küste; im äussersten Nordwesten sind auch die Küsten-Konturen gebessert, das Weisse Meer hat die beiden bisher fehlenden Buchten, die Onega- und die Kandalakscha-Bucht, erhalten.

Als Graf *Mussin-Puschkin* im Jahre 1782 in Moskau ein Exemplar der *Vischer*'schen Karte (spätere Ausg.) auffand, überreichte er dasselbe der Kaiserin *Katharina II*; als unter *Paul I* das kaiserliche Karten-Depot eingerichtet wurde, gelangte dies Exemplar dahinein, und Oberst *Deiriard* liess im Jahre 1824 einen Nachstich davon machen, auf welchem alle Namen und Legenden in russischer Sprache wiedergegeben wurden.[68]) Ein damals der Karte beigegebenes Text-Blatt wollte die Russen glauben machen, dass die von *Mussin-Puschkin* gefundene Karte eine Kopie des *Bolschoi Tschertesh* sei.

Nach der *Vischer*'schen Karte von 1631 wird im 17. Jahrhundert nichts Selbständiges mehr produziert; man kopierte, ergänzte gelegentlich, verbesserte aber nicht, sondern verschlechterte oft die Kartenbilder, so ist z. B. die Karte von *Justus Danckertz,* die in Amsterdam seit 1632 erschien und zuerst die politische Einteilung Russlands in Provinzen brachte, eine, teilweise sehr verschlechterte, Kopie von *Massa*: Asow ist daselbst bis 52° N verschoben, so dass Don und Unter-Wolga ganz zusammengeknickt erscheinen und der Unterlauf der Wolga ein meridional gerichtetes Abbild des Main-Laufes wird.

Auch das Ausland dachte jetzt weniger daran, sich neue und genauere Kenntnis von Russland zu verschaffen, als vielmehr Russland nur noch als Durchgangsland nach Persien und dem weiteren Orient zu verwerten.[69])

Die Kiewer Sammlung bringt aus dem 17. Jahrhundert nur noch eine Originalkarte, Nr. XXXII, die eine rühmliche Ausnahme von der Regel macht. Sie ist nur eine Teilkarte, nämlich von der Ukraine.

---

[68]) Ein Exemplar dieser russisch redenden Karte kam in meinen Besitz durch die Güte des Prof. Dr. *Koeppen* von der Deutschen Seewarte, der als Enkel *Adelungs* die Karte von diesem überkommen hatte. — *Adelung* beschreibt mehrere *Vischer*'sche Ausgaben in *Baer & Helmersen*, Beiträge zur Kenntnis des Russ. Reiches, 4, 1841 p. 33.

[69]) Ich erinnere dafür an die Reisen des *Olearius*.

Sie möge hier als Anhang zu unserm Ersten Jahrhundert russischer Kartographie noch eine wohlverdiente Stätte finden. Sie ist betitelt:

Carte d'Vkrainie par Beauplan, 1660.

Sie ist in Kegelprojektion entworfen, ohne ausgezogene Parallelen, Grösse 54,2 × 42 cm, nach S orientiert, und hat ein Kärtchen der Taurischen Halbinsel (Krim) angeklebt. Sie ist enthalten in „*Beauplan,* description d'Vkrainie, qui sont plusieurs Provinces du Royaume de Pologne. Rouen chez Jacques Caillouc, 1660."

Hier haben wir endlich wieder, zum ersten Male seit *Jenkinson*, und zum letzten Male bis zum 18. Jahrhundert eine ungefähr richtige Breitenbestimmung für Asow, ca. 47½°, und damit eine gute Entfaltung des Dnjepr-Gebietes, dem die Ukraine angehört. Hier ist auch eine Überfülle von Namen, wohl meist militärische Posten, zwischen denen auch einige Marschroutenstrassen eingezeichnet sind. Der Autor war 17 Jahre lang Ingenieur in polnischen Diensten unter *Sigismund III* und *Wladislaw IV* und hatte in den Kosakenkriegen die Ukraine genau kennen gelernt. Die Don-Höhen sind noch durch altmodische Maulwurfshügel bezeichnet, im übrigen aber finden sich schon Schraffen zur Bezeichnung des Geländes an steilen Flussufern, und besondere Signaturen für Wald- und für Sumpf-Vegetation. In späteren Kopien treten aber an Stelle dieser Schraffen wieder Maulwurfshügel. Die Karte fehlt bei *Bokatschew.*[70])

Hier könnten wir unsere historische Musterung schliessen, wenn nicht gerade die für den letzten Abschnitt wichtigste Frage unerledigt geblieben wäre, die Frage, die uns oben bereits aufgestossen ist, wie weit wir bei Herstellung von *Gerards* Karte die Benutzung einer russischen Vorlage, mit oder ohne Vermittlung *Isaak Massas,* anzunehmen haben.

Für Klärung, vielleicht gar Beantwortug dieser wichtigen Frage liegt uns glücklicherweise eine eingehende Untersuchung vor: in der zu Anfang mit Nr. IV bezeichneten Arbeit von

B. N. Tschetschulin

Über die sogenannte Karte des Zarewitsch Feodor Borissowitsch Godunow.

Ein Blick auf die Jahreszahl MDCXIII I bei *Gerard* lässt erkennen, dass der letzte Einer später zugesetzt ist, derselbe steht

[70]) Sie wurde (nach *Müller,* Sammlung Russischer Geschichte 1732 V p. 92 und VI p. 71) nur in 100 Exemplaren abgezogen und ist daher sehr selten.

schief abgerückt, und man erkennt noch den Punkt, welcher hinter der Zahl XIII gestanden hat und durch den 4. Einer nicht ganz zugedeckt worden ist. Die Änderung der Jahreszahl ist so auffallend, dass die Vermutung einer doppelten Ausgabe der Karte, von 1613 und 1614, schon früher ausgesprochen worden ist. Die Karte von 1613 existiert nun wirklich, ist aber so selten,[71]) dass eine Vergleichung beider bisher unterblieben war. Nachdem *Tschetschulin* in St. Petersburg, auf der Kaiserlichen Öffentlichen Bibliothek ein Exemplar der Karte von 1613 gefunden, hat er beide Redaktionen einer Vergleichung unterzogen, und hierauf sowie auf der Vergleichung beider mit der Karte *Massas* von 1612 beruht seine Untersuchung.

Wenn der Verfasser aber einleitend behauptet, *Samysslowsskij* habe unumstösslich nachgewiesen, dass *Herberstains* Karte auf Grund einer russischen Vorlage entworfen sei, so muss ich dem nochmals energisch widersprechen. Ich verweise hierfür auf meine obigen Ausführungen zur Karte von *Anton Wied,* die *Samysslowsskij* nicht kannte.

Andere und bessere Beweise bringt *Samysslowsskij* auch nicht für *Herberstains* Karte, im Gegenteil muss seine Beweisführung sehr fragwürdig erscheinen, da er für *Herberstain* sich der entgegengesetzten Motivierung bedient, wie für *Münster-Wied:* bei *Münster* schloss er aus der grösseren Reichhaltigkeit der Karte, bei *Herberstain* schliesst er aus der grösseren Reichhaltigkeit des Textes auf

---

[71]) Noch vor 20 Jahren, als ich bei Gelegenheit des Deutschen Geographentages in Hamburg eine Ausstellung meiner Karten Russlands veranstaltete, hatte ich von der Seltenheit der Karte keine Ahnung; ich hatte beide Karten, die von 1613 und die von 1614, als lose Blätter und zu gleichem billigstem Preise erworben und war deshalb der Meinung, dass beide alternierend in den *Blaeu*'schen Atlanten sich fänden. In dem Ausstellungs-Katalog, Hamburg 1885, figurierten deshalb beide Karten unter einer Nummer 535 als „Tabula Russiae auctore *Hesselo Gerardo.* Amsterdam 1613 (oft 1614). Aus *Blaeus* Atlas.“ — Seit jener Zeit ist mir ein zweites Exemplar begegnet, in einem Katalog des Antiquariats von *Fred. Müller* in Amsterdam von 1903, um dessen Erwerbung sich die Öffentliche Bibliothek in St. Petersburg damals vergeblich bemühte; es war bereits nach Odessa verkauft. — Auf allen von mir befragten Bibliotheken in Deutschland, Holland, Belgien, Dänemark, auch auf dem British Museum in London fehlt sie; nur die Bibliothèque Nationale-Paris hat ein unkoloriertes Exemplar, und ich benutze hier gern diese Gelegenheit, um der Direktion dieser hochberühmten Bibliothek den verbindlichsten Dank auszusprechen für die Bereitwilligkeit, mit der sie mir auf mein Ansuchen eine Photographie ihres Exemplares behufs Vergleichung zur Verfügung stellte. — Über das Exemplar, welches *Tschetschulin* zu seiner Arbeit benutzte, weiter unter Näheres!

die Benutzung einer russischen Vorlage. Ausserdem exemplifiziert er bei Besprechung *Herberstains* auf die Karte von *Münster-Wied,* betreffs deren wir nach Obigem die Angelegenheit für erledigt halten.

Tschetschulin betont, wie auch in der Einleitung schon gesagt ist, dass mit *Massas* Karte von 1612 und *Gerards* Karte von 1614 ein neuer Abschnitt in der Kartographie Russlands beginne: die Karte *Massas* brachte den seit *Herberstain* fast verschwundenen Ladoga-See wieder zur Geltung, ebenso den Onega-See. Hierüber konnte *Massa* auch genügend unterrichtet sein, da er sich jahrelang in Schweden aufgehalten und dort gewiss ebenso fleissig wie in Russland geographische Daten zusammengetragen hatte. Im übrigen bemerkt *Witsen,*[72]) der zu Personen aus *Massas* Zeit noch konnte Beziehungen gehabt haben, dass dessen Karte von 1612 ihm von einem Russen zusammengestellt worden sei.

Die Vermutung liegt nun sehr nahe, dass die Karten *Gerards* einfach Reproduktionen oder Kopien von *Massas* Karte seien. In der Tat ist die russische Vorlage *Gerards* unbekannt, auch weiss man nicht, wie dieselbe in seine Hände gelangt ist.

Jedenfalls ist die Frage, ob *Gerards* Karte nur Kopie von *Massas* oder einer anderen westeuropäischen Karte ist, oder ob sie direkt nach russischer Vorlage entworfen ist, für die Geschichte Russlands wie für die Geschichte der russischen Kartographie wichtig.

Tschetschulin glaubt die Frage endgiltig entscheiden zu können, wenn folgende 3 Fragen zur Beantwortung gelangen:

1) ist *Gerards* Karte einfach als Kopie der *Massa'*schen anzusehen? Was stellt sie aus sich selber dar?
2) ist sie eine Kompilation westeuropäischer Gelehrter oder russischen Ursprungs?
3) welches sind ihre Quellen?

Zur Beantwortung der 1. Frage stellt er eine Vergleichung an zwischen *Massa* und *Gerard*: bald erscheint die eine, bald die andere korrekter zu sein. So ist der Dnjepr bei *Massa* äusserst ungenügend gezeichnet, bei *Gerard* im ganzen richtig; umgekehrt zeigt die Kama bei *Massa* einen richtigen Verlauf, bei *Gerard* einen sehr mangelhaften; Perm Weliki ist bei ersterem richtig im Kama-Gebiet untergebracht, bei letzterem noch, wie früher oft, im Dwina-Gebiet an der Wytschegda. Es sei doch nicht zu denken, sagt *Tschetschulin,* dass *Massa* die Kama auf *Gerards* Karte soviel weniger richtig hätte zeichnen sollen, als auf seiner eigenen Karte, und ebensowenig,

[72]) *Nic. Witsen,* Noord- und Oost-Tartarye. Amsterdam 1705 p. 962.

dass er den Dnjepr auf der eigenen Karte so mangelhaft gelassen hätte, wenn ihm das bessere Wissen der *Gerard*'schen Karte zur Verfügung gestanden hätte. Endlich lässt sich an einer anderen Stelle mit Leichtigkeit nachweisen, dass die Karte *Gerards* dort, wo sie in der Ausg. 1613 eine verkehrte Auffassung zeigte, gerade nach der *Massa*'schen Karte verbessert worden ist, also *Massa* selber nicht ihr Autor sein kann.[73])

Nämlich dort, wo *Massa* auf seiner eigenen Karte den Ladoga- und Onega-See richtig dargestellt hat, zeigt die Ausg. 1613 noch das alte *Mercator*'sche Bild, während die Ausg. 1614 wenigstens den Ladoga-See nach *Massa* aufgenommen hat. Auf der Ausg. 1613 schlängelt sich (nach *Mercator*) ein grosser Fluss vom kleinen Onega-See in südsüdwestlicher Richtung nach dem noch viel kleineren Ladoga-See, der nach W einen Abfluss (Newa) hat. Auf der Kupferplatte für die Ausg. 1613 ist nun die Korrektur nach *Massas* Karte in der Weise vorgenommen, dass als Quellsee der Newa das sehr grosse Wasserbecken des Ladoga-See eingefügt und zugleich das Ostende des Finnischen Golfes zurechtgestutzt erscheint. Der Onega-See ist in der kleinen *Mercator*'schen Form belassen worden, wie *Tschetschulin* meint, weil sonst des Änderns zuviel geworden wäre. Der vorhin bezeichnete grosse Abfluss desselben zum Ladoga-See ist getilgt worden, von diesem Abfluss aber — verräterischer Weise — dicht am Onega-See ein Stumpf auf der Platte stehen geblieben.

Ebenso erscheint unterhalb des auf beiden Karten befindlichen Stadtplanes von Moskau der Eingang zum Bottnischen Golfe noch genau wie auf *Mercators* Karte.

Der Ladoga-See in seiner richtigen Lage, Form und Grösse ist erst durch *Massa* in die westeuropäische Kartographie eingeführt und für die Ausg. 1614 in die Platte hineinkorrigiert worden. Es unterliegt demnach, meint *Tschetschulin*, keinem Zweifel, dass die Ausg. 1613 resp. 1614 weder von *Massa* gezeichnet noch von dessen Karte kopiert worden ist.[74])

---

[73]) Hier sind die beiden Hälften unsrer Karte III zu vergleichen.

[74]) Ich möchte betreffs dieser Frage meinerseits noch auf einen anderen Punkt hinweisen: Wir wissen aus obiger Besprechung von *Massas* Aufenthalt in Russland, dass er einen ausgezeichneten Plan von Moskau zu erwerben Gelegenheit fand. Auf *Gerards* Karte befindet sich aber ein vollständig anderer Plan von Moskau, den der Autor sich also auf anderm Wege verschafft haben muss. Hätte *Massa* die *Gerard*'sche Karte gezeichnet, so hätte er gewiss auch seinen Plan, so gut wie jene Karte von 1611 (siehe oben!), zur Publizierung preisgegeben. Der *Massa*'sche Plan ist erst 1866 in der oben zitierten Schrift *Massas*: Histoire des Guerres de la Moscovie, t. II. als Titelbild publiziert worden.

Betreffs der 2. Frage, ob die *Gerard*'sche Karte westeuropäische Kompilation, oder russischen Ursprungs ist, entscheidet sich *Tschetschulin* mit Entschiedenheit für die 2. Alternative. Einige seiner Gründe mögen hier wiedergegeben werden: Erstens: die Zeichnung des Verhaues (Sassjeka, Saissek der Ausg. 1613, Saisec der Ausg. 1614), der unter dem Zaren *Feodor Iwanowitsch* gegen die Einfälle der Krim-Tataren angelegt worden war, und der schon oben als Kennzeichen einer russischen Vorlage angeführt worden ist, ist weder auf *Massas* Karte vorhanden, noch wird derselbe sonst von ihm erwähnt. Zweitens sind auf *Gerards* Karte einige Flüsse so richtig dargestellt worden, wie vordem auf keiner Karte von Russland; dies gilt besonders vom Dnjepr, im Vergleich mit *Massas* und *Mercators* Karten. Wenn aber weder *Massa*, noch *Mercator*, dessen Atlas damals als der beste galt, eine so gute Vorlage zur Verfügung hatten, so kann man, meint *Tschetschulin*, direkt behaupten, dass in der westeuropäischen Kartographie überhaupt keine so richtige Vorstellung vom Dnjeprlauf wie bei *Gerard* bestanden hat.

Wie weit aber eine direkte Beziehung des *Feodor Borissowitsch* zu der Karte und zu dem Plane von Moskau besteht, der ebenfalls die Unterschrift „ad Architypum Foedori Borissowitsi" führt, so lasse sich nichts Sicheres nachweisen; es sei wohl am geratensten, die Worte der Titel-Legende „delineandum curavit" in dem Sinne zu erklären: „qui per alios fecit, ipse fecisse dicitur".

Betreffs der 3. Frage, nämlich nach den Quellen der *Gerard*'schen Karte, hält es *Tschetschulin* a priori für ausgemacht, dass *Gerard* sowohl in- als ausländische Quellen benutzt habe; denn er war doch genötigt — wenn er ein abgerundetes Kartenbild geben wollte — auch solche Gebiete in das Kartenblatt hineinzubeziehen, über welche in Russland nicht die nötigen Erkundigungen, geschweige denn kartographische Aufzeichnungen vorhanden sein konnten. Das gilt von Teilen des Baltischen Meeres, von den Küsten des Schwarzen Meeres u. a.

Dass für den ganzen Nordwesten auf der Ausg. 1613 *Mercator* als Vorlage gedient hat, ist bereits nachgewiesen worden. Ähnlich verhält es sich mit dem Gebiet der Kama. Auch die Ausdehnung des Waldgebietes bei *Gerard* stimmt genau mit der Zeichnung *Mercators*, und da diese noch nicht auf Vermessungen beruhen konnte, muss jene von *Mercator* kopiert worden sein.

So kommt *Tschetschulin* zu folgendem Resultate:

„Die Karte Moskowiens, bekannt unter dem Namen *Karte des Feodor Borissowitsch*, ist auf der Scheide des 16. und 17. Jahrhunderts in Moskau entworfen worden; zugrunde hat ihr die Karte

Mercators gelegen, als die beste damals bekannte Karte für dieses Gebiet; einige Flussläufe sind nach russischen Quellen verbessert worden; und sie erscheint daher genauer als irgend eine andere aus jener Zeit stammende Karte Russlands; aus russischen Quellen sind eingetragen worden zahlreiche geographische Benennungen und der Verlauf des Verhaues. Die Karte ist 1613 in Holland gestochen und im folgenden Jahre nach der inzwischen fertig gestellten Karte *Massas* verbessert worden, wobei der Jahreszahl MDCXIII ein Einer zugesetzt wurde." Die verbesserte Ausgabe von 1614 ist in die *Blaeu*'schen Atlanten übergegangen.

Soweit *Tschetschulin.* Derselbe gibt zu seiner Abhandlung den westlichen Teil beider Ausg. von 1613 und 1614 in sehr verkleinerter Reproduktion. Dieselbe schneidet auf beiden Karten nach N und O mit dem unverbesserten Onega-See ab, so dass von dem Plane der Stadt Moskau nur die oben zitierte Unterschrift noch zu sehen kommt. Natürlich ist in der linken untern Ecke auch die Titel-Kartusche mit der Jahreszahl zu lesen.

Weshalb hat aber *Tschetschulin,* dem wir in seiner Beweisführung wie im Resultate vollständig beistimmen, seine Arbeit nur halb gemacht? Weshalb hat er seine vergleichenden Studien nicht auf die ganze Karte ausgedehnt? Freilich hätte er dann auch die ganze Karte von 1613 publizieren müssen. Es ist nicht anzunehmen, dass die Kaiserliche Öffentliche Bibliothek in St. Petersburg nicht gewünscht haben sollte, die ganze Karte veröffentlicht zu sehen. Durch *Tschetschulins* Abhandlung erhalten wir von der interessanten Karte als Ganzem gar keine Vorstellung.

Wir holen deshalb hier das Versäumte nach und geben die hochseltene Karte in ihrer vollen Schönheit, wenn auch auf $^3/_4$ verkleinert, in Karte III. Sie steht mit ihrem unkorrigierten Bilde jedenfalls dem handschriftlichen Entwurf des *Feodor Borissowitsch,* der in der Titel-Legende als Autor oder doch als Auftraggeber der benutzten russischen Vorlage genannt wird, am nächsten und dürfte für jede russische Kartensammlung nahezu den Wert eines einheimischen Dokumentes haben.

Sehen wir uns nun einmal die ganze Karte an! Zunächst ist zu bemerken, dass die Korrektur am Ladoga-See, auf welche *Tschetschulin* sich beschränkt, keineswegs die einzige Änderung ist, die *Gerard* mit der Originalplatte von 1613 vorgenommen hat. Es zeigt z. B. auch die Halbinsel Kola (Lappia der Karte) in der Ausg. 1614 ein stark verändertes Bild und zwar nicht zu Gunsten der Wahrheit, denn die Kandalakscha-Bucht mit ihrem Hinterlande, wie es die

Ausg. 1613 nach *Mercator* zeigt, ist jedenfalls korrekter, als die Änderung auf der Ausg. 1614. Im übrigen ist auf beiden Karten das Weisse Meer noch ganz ungenügend dargestellt; es fehlt noch immer die Onega-Bucht.

Aber was mir betreffs der Karte von 1613 am allerwichtigsten erscheint, das ist der allgemeine Eindruck, den die ganze Karte macht. Um es kurz zu sagen: sie erscheint noch recht unfertig.

Was die Karte so erscheinen lässt, ist folgendes: Es fehlt vor allem der Polarkreis, der sonst sorgfältig mit Doppellinien ausgezogen wird und niemals fehlt. Ferner vermisst man das „Excusum", welches auf der Ausg. 1614 zwischen dem unteren Kartenrande und dem Schwarzen Meere sich findet als: „Amstelodami, Excusum Apud Guiljelmum Blaeu". Auch fehlt im NW die politische Grenzlinie zwischen dem russischen und dem schwedischen Karelien (Corelia 1613, Carelia 1614), welche auf der Karte von 1614, an der Newa-Mündung beginnend, östlich von Wiborg sich nach Norden bis in die Gegend von Wardoehuus erstreckt. Diese 3 Änderungen sind auf unserer Karte III zu erkennen.[74])

Im übrigen haben eine Menge Nachtragungen stattgefunden, wo auf der Platte von 1613 der nötige Platz vorhanden war. Ich nenne folgendes:

Das Bild der Stadt Archangel in ovalem Rahmen befindet sich in einem weiteren viereckigen Rahmen. Zwischen beiden Rähmen findet sich in Ausg. 1613 ein Meilen-Massstab bis 400 mit der Unterschrift „Milliaria Russica", auf Ausg. 1614 ist dies vervollständigt zu: „Wirst seu Milliaria Russica quorum 87 uni gradui respondent"; ausserdem neu, unterhalb des Bildes, ein anderer Massstab bis 120 mit Unterschrift: „Milliaria Germanica quorum 15 uni gradui respondent". Auch ist dem Namen Achangelsckagorod ein a angehängt worden.

Sämtliche Meeres- und Seen-Flächen, soweit sie nicht schon mit den Küstenschraffen bedeckt waren, zeigen auf der Ausg. 1614 punktierten Grund, der auf der Ausg. 1613 noch fehlt.

Ausserdem sind einige Legenden nachgetragen: Neben „Ceremissi logori" von 1613 ist eingetragen: „sic dicti a faenorum struibus".

Neben „Ceremissi Nagorni" von 1613 steht: „sic dicti, quod montana incolant. Czeremisi commune est Tartarorum Regni Casani nomen".

---

[74]) Der Raumersparnis wegen ist von der Ausg. 1614 auf unserer Karte III nur die Westhälfte wiedergegeben worden, auch weil *Tschetschulin* in seiner Abhandlung sich auf diese Hälfte beschränkt, und jeder Interessent sich leicht die Karte von 1614 verschaffen kann.

Neben dem Verhau ist die Bezeichnung „Saissek" von 1613 wegradiert (aber noch merkbar) und dafür geschrieben: „Saisec constans nemoribus desectis et vallis, a Tzar Foedor Juanowitz aggestum contra irruptiones Tartarorum Crimensium".

Dem „Tanais, nunc Don flu." von 1613 ist beigefügt worden „terminus inter Europam et Asiam".

Im Kaspischen See stand 1613: „Mare Caspium olim, nunc Mare de Bachv, Rhutheni vocant Gvalentscha More". Dafür steht in Ausg. 1614: „Mare Caspium, quod Russi vocant Gvalentscha More", und mitten in diese Legende ist eine Kompassrose gezeichnet. An verschiedenen Stellen sind auch Linienreste der ursprünglichen Schrift von 1613 zu erkennen.

Aus all diesem ergibt sich, dass die Karte von 1613 eine provisorische Ausgabe war, die, ohne ganz fertig zu sein, vielleicht nach Moskau gesandt und dem neugewählten Zaren *„Michael Foedrowitz"*, wie er in der Widmung heisst, überreicht werden sollte. Sie war also, sozusagen zum Handgebrauch, nur in wenigen Exemplaren gedruckt worden.

Wer übrigens, statt dieser sauber ausgeführten Ausg. von 1613 mit einer in Schrift und Zeichnung roh und sorglos angefertigten Kopie vorlieb nehmen will, der findet dieselbe, von *Matth. Merian* gestochen, stark verkleinert (35,5×27,3 cm), in *Werdenhagen,* De Rebus Pulicis Hanseaticis tractatus, Francofurti 1641; und in *Gottfridt* (Pseudonym für *Abelin*), Archontologia Cosmica, Francofurti 1629. Die Titel-Legende befindet sich hier in gleicher Kartusche und lautet: „TABULA RUSSIÆ ex autographo, quod delineandum curavit Foedor Filius Tzaris Boris desumta et ad fluvios Dwinam Zuchanam aliaque loca quandum (sic!) ex tabulis et notitiis ad nos delatis fieri potuit amplificata, alias dicta MOSCOVIA."

Es fehlen hier also die Jahreszahl und die Widmung an den Zaren. Man könnte hierdurch auf die Vermutung kommen, dass diese *Merian*'sche Karte dem unbekannten russischen Vorbilde ebenso nahe, wo nicht näher stehe als *Gerards* Karte von 1613; für eine solche Vermutung könnte ja auch das Fehlen des Planes von Moskau sprechen, der sich auf der russischen Vorlage auch sicherlich nicht befunden hat und erst durch *Gerard* eingeschoben ist; aber *Merian* hat diesen Plan in den obengenannten Werken nur auf einem besonderen Doppelblatt, in derselben Grösse wie seine Karte, in Kupferstich ausgeführt. Andererseits lassen die übrigen bildlichen Zugaben, sowie das, freilich nur am Rande angedeutete Gradnetz, das, wenn es ausgezogen wäre, mit dem der Karte von 1613 genau übereinstimmen würde, keinen Zweifel übrig, dass *Merian* letztgenannte Karte wirklich kopiert hat.

Kordt weist in dem Texte zur Kiewer Sammlung auch auf die *Merian'*sche Karte in dem oben zitierten Werke *Werdenhagens* hin, weiss aber ihren Wert nicht zu schätzen, da er die *Gerard'*sche Karte von 1613 nicht kennt. Auch *Bokatschew* kennt letztere nicht.

C. Anton Wieds Originalkarte von 1542.

Im Jahre 1884 habe ich die *Hogenberg'*sche Kopie der *Wied'*schen Karte in den Mitteilungen der Hamburger Geographischen Gesellschaft veröffentlicht,[75]) und von hier aus sind die Kopie wie die von mir gegebenen literarischen Mitteilungen über *Wied* und seine Karte auch in die russische Literatur aufgenommen worden.

Inzwischen hat Dr. *Walter Ruge*-Leipzig, auf seiner offiziellen kartographischen Sammelreise, wie schon oben gesagt, eine Originalkarte *Wieds* in Helmstedt auf der ehemaligen Universitätsbibliothek aufgefunden.[76]) Dieselbe erscheint auf unserer Karte IV fast auf die halbe Länge verkleinert.

Was zunächst Grösse und Technik der Karte betrifft, so hat *W. Ruge* die nötigen Daten verzeichnet. Sie ist ein Kupferstich grössten Formates, 86×83 cm, auf Papier, 6 Blatt in 2 Reihen übereinander, nach O orientiert, wie auch die *Hogenberg'*sche Kopie; die Legenden sind von allerlei figürlichen Zeichnungen umrahmt, darunter ein faunartiger Schildhalter, das polnische Wappen tragend, das Ganze

---

[75]) Mitt. d. Hamb. Geogr. Ges. für 1882/83; für die Publikation der *Hogenberg'*schen Kopie ist aber die Jahreszahl 1884 massgebend, die der Sonderabdruck „Die ältesten Karten von Russland" führt.

[76]) *Walter Ruge,* Älteres kartographisches Material in deutschen Bibliotheken: Nachrichten der Kön. Ges. der Wissenschaften zu Göttingen 1904, p. 24. — Die Karte ist bereits vor mehr als 2 Jahren gefunden worden. Da ich die einschlägige russische Literatur bei der Publikation benutzen wollte, meine Beschäftigung mit der russischen Sprache damals aber erst seit kurzer Zeit datierte, mir auch die Hamburger „Mitteilungen" für diese Arbeit im vorigen Jahre nicht zur Verfügung gestanden hätten, habe ich die Zwischenzeit gern benutzt, mich im Interesse dieser Arbeit in der russischen Sprache noch zu vervollkommnen. — So hat sich die Publikation um ein ganzes Jahr verzögert.

von einer schönen Mauresken-Borde umgeben, wie überhaupt, im Vergleich mit der nüchternen *Hogenberg'*schen Kopie, die künstlerische Ausführung der Karte auffällt. Die territorialen Gebiete sind durch Original-Flächenkolorit gegeneinander abgegrenzt.

Die Karte ist auf Leinwand gezogen und abgesehen von einem kleinen Defekt in der Borde, tadellos erhalten.

Das Format ist beinahe quadratisch, während *Hogenberg*, wie ich oben Seite 11 nachgewiesen habe, seiner Kopie für einen besonderen Zweck ein anderes Format gegeben hat.

Da die Legenden bei *Wied* und *Hogenberg* wörtlich übereinstimmen, auch das reiche topographische Material, abgesehen von kaum nennenswerten Einzelheiten, auf beiden Karten dasselbe ist, so verweise ich hierfür auf obige Publikation und werde hier nur wiederholen resp. vervollständigen, was sich auf die Datierung der *Wied'*schen Originalkarte bezieht. Betreffs des Kartenbildes werde ich dann nur einige allgemeine Gesichtspunkte aufstellen, um die Wichtigkeit der Karte für die russische Kulturgeschichte jener Zeit anzudeuten.

Der Name des *Anton Wied* als geographischen Schriftstellers begegnet uns zuerst in der Kosmographie des *Sebastian Münster*, und zwar schon in der ersten Ausgabe von 1544, dort, wo er von dem Lande Moskowien handelt. Die bezüglichen Worte lauten daselbst, fol. 546 s folgendermassen:

„Anthonius Wied auß der Littaw, schreibt also von der Moscowyter land. Wir haben mit grossem fleyß angezeichnet die örter der stett, schlosser, möre, lachen und brunnen, und wie fern sie von einander gelegen seynd, der wässer lauff, krümme und ursprung, die zum grössern theyl entspringen off der ebne oder kommen auß den grossen lachen. Und darzu hat uns mercklich hilff gethan der wolgeborn Herr Johannes Jatzki, der vor etlichen jahren ein herr ist gewesen in Moscowyter land, und von wegen eines ufflauffs der nach des grossen hertzogen Basilii todt entstund, floh zu dem polendischen kunig Sigismundum. Die weyl er aber noch im land was, und keyser Maximilian ein botschafft hett gethan zu dem grossen hertzogen Basilium, ward an in mit grosser bitt gelangt das er als ein sunderlich geschickt mann understünd zu beschreiben das Moscowyter land, das hat er gutwillig angenommen, und nichts underlassen das zur erkanntnuß des lands dienen möcht!"

Wenige Jahre später nennt der kaiserliche Gesandte und Reisende Baron *Sigismund von Herberstain* in der vom 1. März 1549 datierten Vorrede zu seinen berühmten „Rerum Moscoviticarum Commentarii" unter denen, die vor ihm über jenes Land „cum tabulas tum commentarios" hinterlassen haben, auch den *Antonius Bied* (sic!).

Wiederum zwei Jahre später liess der Schweizer Zoologe *Konrad Gesner* in seiner Historia Animalium (Zürich 1551) ein Bild erscheinen, welches die Jagd auf einen wilden Stier darstellt, so wie dieselbe damals in Russland betrieben zu werden pflegte. An einer späteren Stelle, in den zu jener Historia zugehörigen Paralipomena (p. 1097) sagt der Verfasser ausdrücklich, dass er jenes Jagdbild aus der Moscovia des *Antonius Uvied* (sic!) entlehnt habe. Da besagtes Bild sich fast genau, wie es von *Gesner* kopiert ist, auf unserer Karte findet, so ist anzunehmen, dass mit der „Moscovia" *Wieds* nichts anderes gemeint ist als unsere Karte, die nach Sitte jener Zeit den Text in Form von Legenden eingetragen enthält.

Die drei Zitate aus den Jahren 1544, 1549 und 1551 sind deshalb von grosser Bedeutung für die Bestimmung der Zeit, wann *Wieds* Moscovia erschienen ist, weil alle späteren Erwähnungen dieses Werkes entweder kein Jahr oder 1555 als Jahr der Herausgabe namhaft machen. Wichtig sind ferner diejenigen Zitate, welche betonen, dass *Wied* seine Moscovia in lateinischer und russischer Sprache abgefasst habe; als Beleg hierfür genüge *Nicolaus Witsens* „Noord en Oost Tartarye", wo es heisst[77]): „In't Jaer vyftien honderd vyf en vyftig, is een Kaerte van Russland, met een gedeelte van Siberie, en Tartarye, in Rusch en Latyn aen't licht gegeven, door eenen Anthonis Wied, tot Dansik".

Von Wichtigkeit ist vielleicht auch das Zitat ohne Jahr bei *Ortelius*,[78]) weil er in seinem „Catalogus auctorum tabularum geographicarum" ausdrücklich sagt: „quibus addidimus, ubi locorum, quando et a quibus excusi sunt".

Unsere Karte enthält nun ausser den lateinischen Legenden, welche *Hogenberg* bis auf die Orthographie genau kopiert hat, auch eine kürzere Legende in altkirchenslawischer (altbulgarischer) Sprache, ferner sämtliche Namen, ausser in lateinischer, wie auf *Hogenbergs* Kopie, auch daneben in russischer Sprache mit denselben kyrillischen Schriftzeichen; auch die vier Himmelsgegenden innerhalb der schon erwähnten breiten Randleiste, in lateinischer, deutscher und russischer Sprache. Am Rande ist auch ein russisches Alphabet mit nebenstehendem lateinischen niedergeschrieben.

---

[77]) ed. II. 1705. Vorrede fol. 3 verso.

[78]) *Ortelius*, Theatrum orbis terrarum, ed. II. lat. 1573. Der Catalogus folgt unmittelbar auf die Vorrede; das Zitat lautet: „Antonius Wied: Moscoviam, Antverpiae".

Die altrussische Legende, deren Entzifferung ich in der Hauptsache der Liebenswürdigkeit des Wirkl. Staatsrats, Herrn *Fr. Th. Köppen*,[79]) Bibliothekar an der Kaiserl. Öffentl. Bibliothek in St. Petersburg, verdanke und die ich auch dem Herrn Prof. Dr. *Anutschin* in Moskau zur Begutachtung vorgelegt habe, dürfte etwa Folgendes besagen:

„Anton Wied an den Leser"

„Bis heute war das Land des Moskauer Fürstentums unbekannt, deshalb hab ich zur Aufklärung hier Bezeichnungen hergesetzt, und zwar für die Russen in russischer Sprache, gleichzeitig auch das Alphabet in russischen Zeichen mit der Übersetzung hinzugefügt. Zuerst in der Richtung von Osten schauend, das oben liegt, siehst Du, wie weit die Länder und Gewässer voneinander abstehen. Zweitens, unten, zeigt der geöffnete Zirkel, wie Du die Meilen abmessen kannst von Ort zu Ort. Drittens siehst Du: Grün bedeutet Moskowisches Land, Gelb das Fürstentum Littauen und das, was der Polnischen Krone gehört; Rot sind die Tataren. Hieraus wirst Du die Grenzen zwischen Moskau und allen Andern ersehen, insbesondere auch mit dem Schwedischen Land, mit dem Livländischen, dem Littauischen und dem Tatarischen und Türkischen, welch letztere in mehrere Horden geteilt sind

1542."

Für diejenigen Leser, welche nicht Gelegenheit haben werden, die ganze Karte in Originalgrösse und dementsprechender Klarheit zu sehen, ist in nebenstehender Abbildung 1 eine Reproduktion der Legende im Masstabe des Originals hergestellt, die die Subtilität des Stiches in Schrift und Zeichnung erkennen lässt. Am Schluss des Ganzen, Seite 61, folgt auch eine Übersetzung der Legende in modernes Russisch.

Diese Legende enthält also jedenfalls nur eine praktische Anweisung über Lesung und Verwertung der Karte. Das Original-Kolorit, welches in der Legende besonders hervorgehoben und auf dem Helmstedter Originale deutlich zu sehen ist, lässt sich auf unserer Kopie nur an der mehr oder weniger hellen Tönung der verschiedenen territorialen Gebiete erkennen.

Das wichtigste der russischen Legende ist aber die Jahreszahl. Dieselbe ist unschwer zu lesen, da das kyrillische Alphabet der

---

[79]) Derselbe schreibt dazu, dass die Entzifferung viel Zeit und Mühe gekostet habe, da sie in einer Sprache verfasst sei, von der es schwierig zu sagen sei, ob sie polnisch mit vielen Russizismen oder russisch mit vielen Polonismen sei.

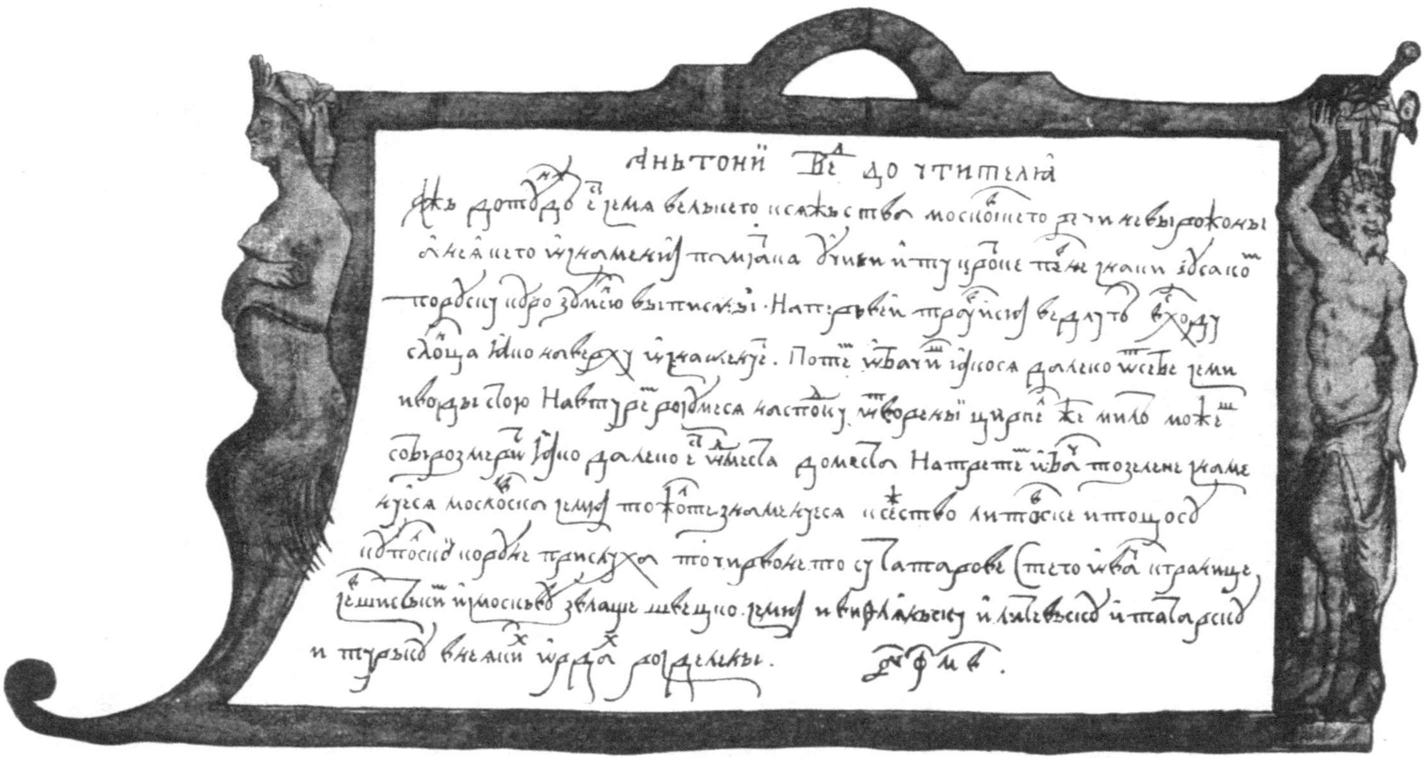

Abb. 1. Die Legende der Wied'schen Karte von Russland (1542) in altrussischer Sprache.

altbulgarischen Kirchensprache in dem Zahlenwert der Buchstaben sich nach dem Griechischen richtet.[80])

Wenn die Herausgeber der „Early voyages and travels to Russia and Persia by *Anthony Jenkinson*"[81]) aus den „4 castra Moscouitarum" und „4 castra Liuoniorum", die auf beiden Ufern der Narowa (Veliki) bei *Wied* einander gegenüber liegen, den Schluss ziehen, dass sie „probably represent the positions of the armed forces of Muscovy und Livonia, near Dorpat, before the outbreak of hostilities in 1555" — so ist dies ganz gewiss richtig, wenn es aber in einer Fussnota dazu heisst: „this would seem to show that the date 1555 on the map, in both of the lower corners, was really the year of its production, and not a slip, as Dr. Michow thinks", so erscheint doch diese Motivierung, auch abgesehen von der Nichtachtung der auch schon in 1884 von mir gegebenen Zitate, nicht genügend beweiskräftig; denn die livländischen Städte standen, trotzdem sie 1502 einen 50jährigen Frieden mit den Russen geschlossen hatten, während dieser ganzen Zeit im Zollkrieg mit Russland,[82]) und da sie selber gegen alle Nachbarn Handelszwang ausübten und deshalb weder vom Deutschen Reiche noch von den mit ihnen zerfallenen Hansischen Städten eine Rückendeckung gegen Russland zu erwarten hatten, so ist wohl anzunehmen, dass ihre Grenzbefestigungen nicht im letzten Augenblick vor dem möglichen Ausbruch der Fehde mit Russland angelegt wurden; auch erscheinen die Signaturen für diese „Castra" nur auf der *Hogenberg'*schen Kopie als Lagerplätze, während sie auf der *Wied'*schen Originalkarte als befestigte Städte oder als Schlösser bezeichnet sind, die man nicht im Handumdrehen erstehen lässt. Auch das Vis-à-vis der russischen Festungen deutet auf längeres Bestehen hin.

Bei Veröffentlichung der *Hogenberg'*schen Kopie begrenzte ich die Entstehungszeit des *Wied'*schen Originales durch die Jahre 1537 und 1544; für beide Grenzen ist meine damalige Motivierung noch jetzt massgebend, für die untere, wichtigere Grenze habe ich durch die oben vermehrten Zitate meine frühere Motivierung noch verstärkt; und hierzu passt die Jahreszahl der russischen Legende „1542" ausgezeichnet.

---

[80]) Dabei werden die russischen Buchstaben, welche im Griechischen keinen Lautwert haben, übersprungen. cf. *Leskien*, Handbuch der altbulgarischen Sprache. Weimar 1898. p. 8.

[81]) Works issued by Hakluyt Society Nr. 72, Einl. p. CXLIV.

[82]) cf. *P. Herrmann*, Geschichte des Russischen Staates III p. 142—55.

Ein Rätsel bleibt aber immerhin auf dieser Karte die gleichzeitige Datierung der lateinischen Legenden vom Jahre 1555. Es ist nur anzunehmen, dass jene Legenden, die doch schon in 1544 durch *Münster* zitiert wurden, auf einer unbekannten Ausgabe von 1542 und zwar ohne die Datierung von 1555 enthalten waren.

So allein würde sich das oben gegebene Zitat des *Ortelius* erklären, der sonst, wie er in der Überschrift seines Autoren-Kataloges verspricht, stets die Jahreszahl angibt; hätte er *Wieds* Karte mit den beiden Zahlen 1555 vor sich gehabt, dann hätte er die Zahl gewiss nicht verschwiegen, hatte er aber eine Karte mit nur russischer Datierung von 1542 vor sich, so ist immer die Möglichkeit nicht ausgeschlossen, dass er bei der damaligen Unbekanntschaft mit der russischen Schrift diese Datierung entweder nicht lesen konnte oder in den kyrillischen Buchstaben eine Jahreszahl überhaupt nicht vermutete.

Ich will nicht behaupten, mit dieser Annahme das Rätsel gelöst zu haben; aber jedenfalls hat die Zahl 1542 dasselbe Recht wie die Zahl 1555 und hat den Vorzug, den Zitaten aus jener Zeit gerecht zu werden.

Ausserdem dürfte die bei *Münsters* Karten hervorgehobene Verschreibung des Namens „Livland" in „Eifland"[83]) allein genügen, um die Datierung *Wieds* vor 1544 unumstösslich zu machen.

Was die Karte selbst betrifft, so ist sie ein künstlerisch gleichsam aus der Vogelperspektive entworfenes Bild von der Vorstellung, die man damals vom Moskowitischen Reiche hatte.

Auf einer Reise von Danzig nach Wilna in Littauen, im Gespräch mit dem Senator *Joh. Koppe* aus Danzig, fasste der vom Rhein gebürtige, aber in Danzig lebende Maler *Anton Wied* den Plan, alles was er über Moskowien erfahren konnte, zu Papier zu bringen und aufzuzeichnen. Es war also eine Erkundigungskarte, die nicht den Anspruch macht, uns die wirkliche Gestaltung des Landes vor Augen zu führen. In käufmännischen Kreisen war gewiss viel früher eine richtige Vorstellung von manchen Teilen Moskowiens vorhanden, da aus den erhaltenen Handels- und Friedenskontrakten der Nowgoroder und Livländer hervorgeht, dass deren Händler damals schon weit ins Innere Russlands vorgedrungen waren. Aber kartographische Aufzeichnungen sind nicht erhalten, und eine Zusammenstellung nach mündlichen Berichten konnte nur, wie wir es bei *Wied* antreffen,

[83]) Siehe oben Seite 11.

eine mangelhafte Darstellung des Ganzen liefern. Immerhin lassen sich einige nennenswerte Eindrücke finden, welche man von Moskowien, wie *Wied* es darstellt, empfängt.

Ich möchte auf dreierlei hinweisen: 1) Die Grenzlinien und das Flächenkolorit, welches in der russischen Legende noch besonders hervorgehoben wird, lassen uns sofort den Eindruck gewinnen, dass es sich hier um ein grossartig angelegtes Staatswesen handelt. Das gewaltige Wolga-Gebiet erscheint uns hier zum ersten Male als geographische Einheit, genügend gross, um für die Entwicklung der grossrussischen, moskowitischen Staatsidee als Schauplatz zu dienen. Die Grösse des Flussgebietes musste andererseits die russischen Machthaber notwendig ein Übergewicht gewinnen lassen über das kleine Seengebiet im Westen, das einschliesslich Gross-Nowgorods früher der Tummelplatz des hanseatischen Verkehrs gewesen war. Nowgorods Kontor war bereits geschlossen, und das Schicksal der kleinen westlichen Uferstaaten scheint hier schon besiegelt. Insofern gewährt selbst die vielfach verschobene *Wied'*sche Darstellung uns einen Blick in die Zukunft.

2) In dem unermesslichen Waldgebiet, welches den Norden und Nordosten des Reiches bedeckt, beginnt jetzt, wo die Eroberung der tatarischen Chanate nur noch eine Frage der Zeit ist,[84]) eine intensive innere Kolonisation, eine Kultur-Arbeit, die besonders von den Klöstern ausging, die wir bei *Wied* überall als lichte Punkte in der Wald- und Wasserwildnis verzeichnet finden.

Von Byzanz hatten die Russen nur die Askese des Mönchstums geerbt, das mit seinen Tausenden von Sekten und noch mehr Heiligenbildern dem Geistesleben Russlands für Jahrhunderte seinen Stempel aufgedrückt hat. Mit grösster Genialität wussten die Mönche ihre Ausnahmestellung auszunutzen, durch Unternehmungsgeist und gewerbliche Tätigkeit.

Greifen wir von den vielen derartigen Anstalten, die ausser den zur Befestigung der Herrschaft angelegten Schlössern uns auf der Karte entgegenleuchten, eines heraus, das Ssolowezkische Kloster: Im 15. Jahrhundert als einfache Einsiedelei auf einer Insel der unendlichen Wasserwildnis des Weissen Meeres gegründet, war es in kurzer Zeit herangewachsen zu einem förmlichen wirtschaftlichen Mikrokosmos mit Ackerbau und Fischfang, Viehzucht und Milchwirtschaft, Ausnutzung der Wasserkräfte für Mahl- und Sägemühlen, mit Thran- und Salzsiedereien, Gerbereien und Schiffswerften,

[84]) In 1552 fiel auch Kasan, war aber längst reif zur Beute.

mit Filialen auf dem Festlande. Über 50 Seen ihrer Inseln hatten die Mönche durch Kanäle und Schleusen für ihre Zwecke nutzbar gemacht, auf selbstgebauten Schiffen vertrieben sie die Produkte ihrer Gewerbtätigkeit; weithin konnten sie von den herrenlosen Ländereien Besitz ergreifen, um sie auszunutzen, die erst zu Peters des Grossen Zeit vom Staate gegen reiche Zahlung übernommen wurden. Dazu kamen alljährlich während des Sommers Tausende von Pilgern, die es sich zur Ehre anrechneten, den kurzen Sommer über für die Klosterbrüder umsonst Feldarbeit zu verrichten. Durch ihre Betriebsamkeit und ihren Handelsverkehr, wie durch milde Stiftungen, häuften die Mönche grosse Kapitalien an und vergrösserten dadurch immer mehr ihren Einfluss.

So wurden die Klöster die Hauptstützen der grossrussischen Kolonisation unter den finnischen Stämmen im Norden und Osten, die durch diese Kulturarbeit der Mönche allmählich dem russischen Staatsorganismus assimiliert wurden.

Auch die Unterstützung und Förderung fremder Handelsreisender, die das Kloster passierten, liessen sich die Mönche angelegen sein. So gaben sie den beiden Agenten der anglo-moskowitischen Compagnie, *Southam* und *Sparke,* die im Jahre 1566 von Cholmogoro an der Dwina über die Ssolowezkischen Inseln nach Nowgorod zogen, unentgeltlich einen Führer mit, der sie nach Soroka auf dem Festlande und von dort auf dem Wygfluss zum Wygsee geleiten sollte, von wo sie dann weiter den Onega-See erreichten.[85])

Man lese die trefflichen Schilderungen bei *A. Brückner,*[86]) und nehme *Wieds* Originalkarte zur Hand: man wird sich dort bald heimisch finden. Das ist dem Autor gewiss bei seinen Zeitgenossen in noch viel höherem Masse gelungen.

Drittens sollen nicht unerwähnt bleiben die vielen kleinen bildlichen Darstellungen, die in Waldung und Steppe eingestreut sind: das Leben der Tataren mit ihren Zelten und Kamelen, die verschiedensten Jagdszenen, in denen die Ausübung der Jagd auf Walrosse, Eisbären u. a. Tiere vorgeführt wird, die bildliche Darstellung der Legende vom Vielfrass u. A.

Eine von diesen Jagdszenen hat ein besonderes Interesse, weil sie gelegentlich, wie zu *Wieds* Zeiten, so auch noch neuerdings literarisch verwertet worden ist. Das ist die Jagd auf einen „Urus“.

---

[85]) s. *Hakluyt* Soc. vol. 73, p. 190, wo auch das Itinerar dieser interessanten Reise in eine moderne Karte eingetragen ist.

[86]) *A. Brückner,* Geschichte Russlands bis zum Ende des 18. Jahrhunderts 1, 1896, p. 321—46.

Man sieht dort einen Stier gegen einen Baum anrennen, hinter dem ein Jäger steht; dieser bohrt dem Stier einen Speer in die Brust, während gleichzeitig ein zweiter Jäger von einem benachbarten Baume aus einen Pfeil auf den Stier abschiesst. Darunter stehen die Worte „Sic interficiuntur uri".[87])

Es lebten damals in den russischen und polnischen Wäldern im wilden Zustande (sonst würden sie nicht gejagt worden sein) noch 2 Arten von Boviden: 1. der Bison europaeus der Zoologen (Bison, Wisent, polnisch Suber, Zubr), der noch heute in den littauischen Wäldern auf Kosten des Zaren gehegt wird; 2. der Bos primigenius der Zoologen (Ur, polnisch Tur), der von diesen als Stammform unsers Hausrindes angesehen wird.

Wied unterscheidet diese beiden Formen nicht, er hat nur einen Urus, als Stier überhaupt. Aber wie schon oben bei Datierung der *Wied'*schen Karte mitgeteilt wurde, entlehnte der Zoologe *Konrad Gesner* das *Wied'*sche Bild im Jahre 1551 für seine Historia Animalium als Bild des Wildstieres (Bos).

Jedenfalls ist das *Wied'*sche Bild nur ein Machwerk seiner Phantasie, nicht nach dem Leben gezeichnet, und auch auf der Originalkarte nicht unbedingt für eine der beiden genannten Formen zu erklären.[88])

Da nun solche Bilder damals mehrfach als Zugaben kartographischer Darstellungen auftreten, so sei bemerkt, dass schon von den Zeitgenossen die *Herberstain'*schen Bilder beider Rinder-Arten als die zuverlässigsten angesehen wurden. *Herberstain* hatte sie im Jahre 1550 in Polen nach dem Leben zeichnen und in Wien im Jahre 1552 in Holzschnitt vervielfältigen, auch in seiner Wohnung in Wien die Felle beider Rinderarten, wie es scheint, ausgestopft, zur Belehrung aufstellen lassen. In seinen Schriften erscheinen die Bilder: zuerst in der Baseler lateinischen Ausgabe seiner Commentarii von 1556, und zwar als blattgrosse Holzschnitte, dann in der seltenen

[87]) *C. Keller,* Naturgeschichte der Haustiere, Berlin 1905 p. 121 schreibt über die Abstammung der Taurina (unser jetziges Hausrind): „Die westlichen Taurina haben als stärker modifizierte Rinder im Ur (Bos primigenius) einen gewaltigen Repräsentanten aufzuweisen, der zwar in einzelnen Gebieten Asiens nicht fehlte, aber in der Hauptsache doch nur als europäisches Wildrind anzusehen ist. Dieser Vertreter reicht noch in der ganzen Fülle in die historische Zeit hinein, musste aber der fortschreitenden Kultur weichen, und ist seit 1650 ausgestorben".

[88]) *A. Nehring,* über Herberstain und Hirsfogel. Berlin 1897. — In seinen Bemerkungen über „*Anton Wieds* Moscovia und das dortige Urus-Bild" im Globus Band 71, Heft VI kennt *Nehring* nur das Bild aus *Hogenbergs* Kopie und das auch nicht ganz getreue aber stark vergrösserte Bild bei *K. Gesner.*

Moscovia (siehe oben Seite 20) als kleinere Bilder im Texte. Diese letzteren wurden von *Nehring* als Kopien der Originale von 1552 nachgewiesen.[89]) Die Bilder sind vom künstlerischen Standpunkte keineswegs schön zu nennen, aber, was der Künstler hat markieren wollen, der hohe Widerrist des Bison europaeus, zum Unterschiede vom Wildstier, ist ihm unverkennbar gelungen, so dass ***Herberstains*** Bilder wohl als wissenschaftliche Belege gelten können, worauf das *Wied'*sche Bild kaum Anspruch erheben kann noch will. Trotzdem wird noch jetzt gelegentlich das *Wied'*sche Bild als Beleg für den Bos primigenius ausgegeben.[90])

Biographisches.

Es erübrigt nur noch, dass ich die wenigen Notizen, welche ich teils aus den Legenden der Karte, teils durch gefällige Mitteilungen aus dem Archiv der Stadt Danzig über *Anton Wied* habe in Erfahrung bringen können, zusammenstelle.

Anton Wied (Wiedt) ist am 21. Januar 1558 in Danzig verstorben und in der St. Marienkirche daselbst begraben worden. Der Name des Künstlers nebst seinem Bildnis und Wappen war noch am Anfange des 18. Jahrhunderts auf einem Epitaph des nördlichen Orgelpfeilers zu sehen. Der Glöckner *Frisch* beschreibt es in folgender Weise[91]): „Zu oberst steht *Antoni Wiedt;* in der Mitte des Namens ist sein Wappen, das im Helm, auch in dem einen Teil des Schildes einen halben Löwen und im andern Teile weisse und schwarze Quadratstücke führt. Dann steht der Vers Esaias VII, 14. In der Mitte ist die Jungfrau Maria mit dem Kindlein Jesu abgebildet und verschiedene andere Personen und darneben der Spruch Pauli an die Galater IV, 4. Unter diesem ist das Contrefait des *Wiedt* und diese Reime:

Antoni Wiedt ward ich genannt,
Am Rheinstrom ist mein Vaterlandt,
Kunstreich im Molen acht man mich,
Wie solches ist kundig menniglich.

[89]) *A. Nehring* in den Landwirtschaftl. Jahrbüchern, 1896, Bd. 25, S. 915—958, ferner in seiner schon zitierten Schrift über *Herberstain* und *Hirsfogel* S. 59—63. Um den literarischen Nachweis, besonders aus polnischen Schriftstellern, dass der Bos primigenius, *Herberstains* Ur, noch in geschichtlicher Zeit, und zwar bis ins 17. Jahrhundert, in Polen resp. Littauen, wild gefunden wurde, hat sich *Wrzesniowski* verdient gemacht, in Zeitschrift für wissenschaftl. Zoologie Bd. 30, Suppl. 1878, S. 493—555.

[90]) So in *Werner*, Die Rinderzucht, Berlin 1892 p. 27.

[91]) Siehe *Theodor Hirsch*. Die Oberpfarrkirche von St. Marien in Danzig, Teil I S. 204 Anm.

Mein Kunst gerumbt ward weit und fern
Von König, Fürsten und großen Herren.
Daraus entstand mir groß Gelück;
Man spürt an mir kein arge Tück.
Mein Trost auf Gott stellt ich allein,
Nachdem die Schrift uns lehret fein,
Wer Gott mit Ernst vertrauen kann,
Der bleibt ein unvertorben Mann.
Er sterbe, lebe oder sei todt,
Verlossen wird er nicht von Gott;
Darumb ich frölich und getrost,
Auf Christum hoff, der mich erlost,
Bekenne den mit Herz und Mund,
Biß mich ereilt mein letzte Stund,
Darin ich beschloß mein Leben zwar,
Als man czalt acht und funfczig Jor,
Mein Leib allhie begraben leitt
Die Seel hat Gott in Ewigkeit.

Obiit die 21. Januarii 1558."

Wir ersehen hieraus, dass *Anton Wied* (Wiedt) aus dem Rheinlande stammte. „Dem grossen Zuflusse von Bevölkerung aus Westfalen und vom Niederrheine seit dem Anfange des 15. Jahrhunderts, schreibt der vorhin zitierte Verfasser der Kirchengeschichte von St. Marien, ist der rege Sinn für die bildenden Künste in Danzig, sowie das Vorhandensein reicher Mittel, den Kunstsinn zu befriedigen (im 15. und 16. Jahrhundert) zuzuschreiben." Die preussischen Städte wurden[92]) im „westfälischen Drittel" der Hansa mit aufgeführt, und die Genealogien der bedeutendsten Danziger Familien jener Zeit, sowie die Erbschaftsverhandlungen des Danziger Rates mit Städten im Westen beweisen die verwandtschaftlichen Beziehungen vieler Danziger zum Niederrhein und Westfalen in Köln, Kleve, Brügge, Dortmund, Soest und anderen Städten. Die kaufmännischen Familien blieben durch ihre Handelsgeschäfte in stetem Verkehr mit ihrer Heimat und zogen auch gelegentlich rheinische Künstler nach Danzig, so den „*Anthonius Wiedt,* Maler, und *Henrich Holzapfel,* Holzschnitzer aus Köln; die Altarbilder und Schnitzwerke der St. Marienkirche waren niederrheinischen Ursprungs."

---

[92]) siehe *Sartorius,* Geschichte der Hansa, Einleitung.

Von persönlichen Beziehungen *Wieds* enthält die eine Legende die Widmung der Karte an den Senator *Joannes Coppenius* in Danzig. Derselbe, im Danziger Archive *Johann Koppe* genannt, war von 1536 bis 1563 in Danzig „Schoeppe der Rechten Stadt".[93])

Ein Gespräch mit diesem Freunde auf einer Reise nach Wilna, der Hauptstadt Littauens, veranlasste den *Wied,* seine Moscovia zu entwerfen, wobei er sich der wesentlichen Belehrung und Unterstützung durch einen früheren moskowitischen Bojaren *Iwan Ljätzki*[94]) rühmt, der aus Veranlassung eines Aufstandes im Jahre 1534 aus Russland hatte fliehen müssen.

Zum Schluss folgt hier eine Wiedergabe der *Wied'*schen altrussischen Legende in neurussischer Sprache:

АНТОНІЙ ВИДЪ ЧИТАТЕЛЮ.

До сихъ поръ земля Великаго Княжества Московскаго неизвѣстна и для нѣкотораго объясненія я сдѣлалъ замѣтки, и здѣсь краткіе опредѣленные знаки для русскихъ по русски для объясненія выписаны. Во первыхъ глядя по направленію отъ Востока какъ показано наверху, увидишь какъ далеко отстоятъ другъ отъ друга вода и земля. Во вторыхъ внизу раскрытый циркуль обозначаетъ, что можетъ себѣ размѣрить мили, какъ далеко отъ мѣста къ мѣсту. Въ третьихъ увидишь: зеленое обозначаетъ землю московскую, желтое обозначаетъ княжество литовское и то, что принадлежитъ Польской кожонѣ; а красное это татары. Отсюда увидишь границы со всѣми и Москвою, особенно, со Шведскою землею, и Лифляндскою и Литовскою и Татарскою и Турецкою, раздѣленными на нѣсколько ордъ.

1542 г.

---

[93]) Die rechtsstädtischen Schöppen waren ursprünglich Abgeordnete des Rates „zum Urteilfinden und Rechtschöpfen" bestimmt; deshalb wird wohl der Schöppe *Koppe* von *Wied* als Senator betitelt.

[94]) In dem *Münster*'schen Zitate (s. oben!) *Johannes Jatzki* genannt.

Dr. H. Michow
med många helsningar från
A E Nordenskiöld

Kartan kommer att intagas i en afhandling af mig i Ymer för 1885.

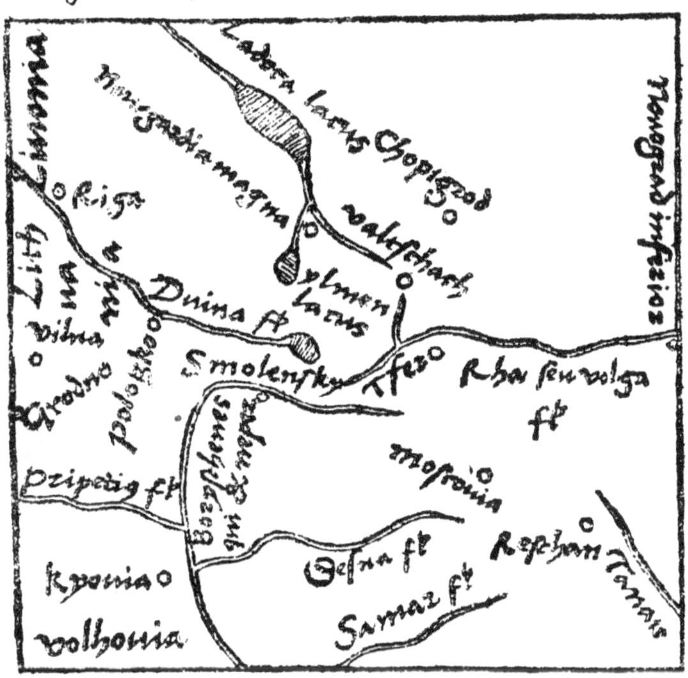

MOSCOVIA.

EX EDITIONE SOLINI

IMPRESSA BASILEÆ MDXXXVIII. !

(Verisimile secundum vel a Dominino Canonico Cracoviensi, Matthias de Michow delineata!).

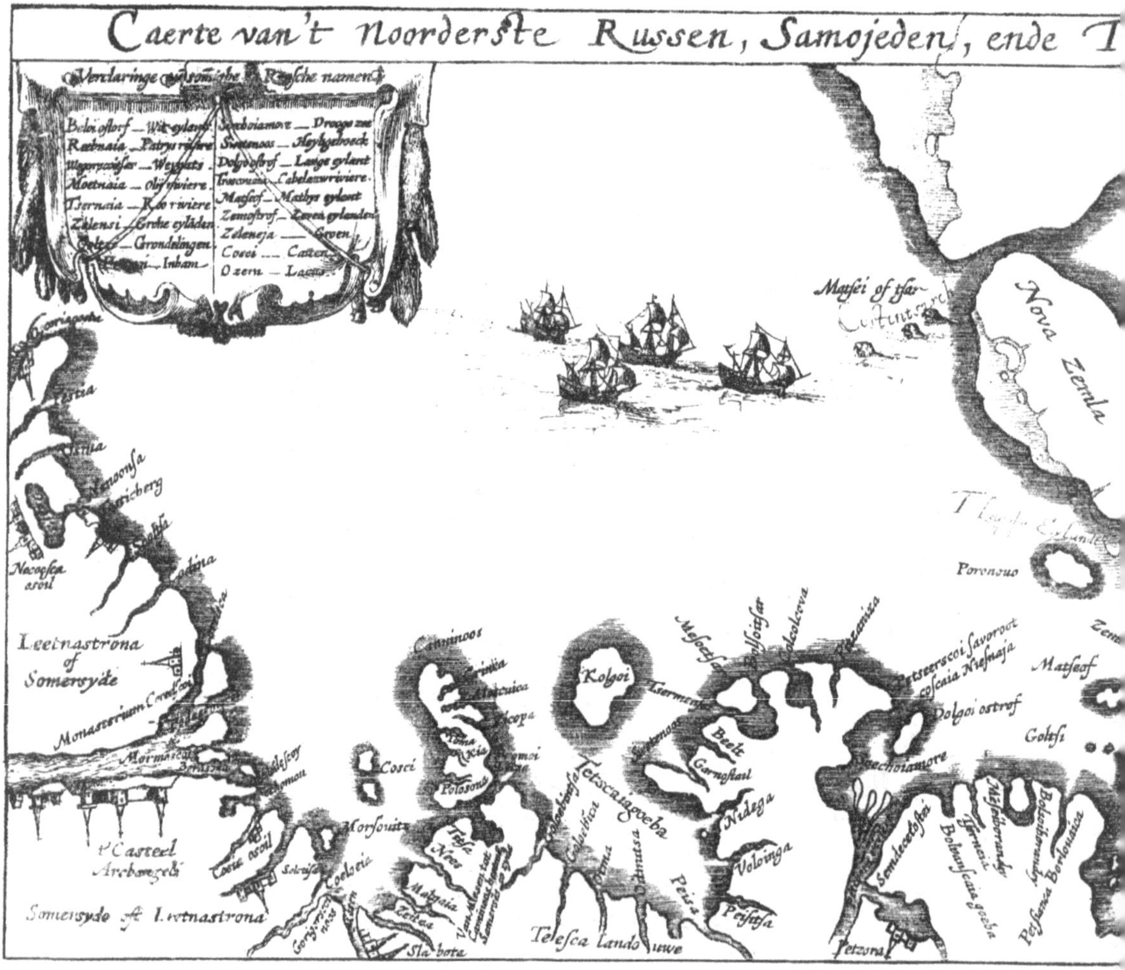
Caerte van't Noorderste Russen, Samojeden, ende T
Verclaringe
Rusche namen
Coscí — Catten
Ozero — Lacus
Matfei of tsar
Nova Zemla
Poronouo
Matfeof
Dolgoi ostrof
Goltsi
Kolgoi
Leetnastrona of Somersyde
Monasterium
t' Casteel Archangels
Somersyde of Leetnastrona
Cosci
Polosona
Morsouitz
Telesca lando uwe
Peisa
Peistsa
Voloinga
Nidega
Garnostaul
Beelt
Petzora
Pesfanca Borlouaica

Hamburg,

Landt : alsoo dat vande Russen afghetekent, en door Isaac Massa vertaelt is .1611.
Beloi ostorf
Ostorf
Obb reca
Gentium Samojedarum pellibus a capite usq ad Calcem, adversus intolerabilem frigoris injuriam, indutorum effigies.
Narontza
Sarapoui coosci
Moetnaia
Ozero
Socolisoloeda oft der valken eylant
Maescoi
Kloboecova
Tsenaia
Reebnaia
SI.BIRIA
Toboll metropolis Sybiriæ
Toergaof boark
Tasoofscoigorod
Voloc of overtoom
Reviere taas
Motsianca
Pydr Riviere
hooghwater ist droogh

...nsen & Co.

Hamburg, L.Friederichsen & C°.

NOVA ZEMLA
KOY MORE
SAMOIEDA
Tingoeli
BAIDA
obdora
SIBIRIA
Toboll metropolis Siberie
Iugoria
Condore
Pega orda
Permia
TARTARIÆ
Wiatka
Ceremissi logovi
CAZAN
Ceremissi Nagorni
MORDWA
ARCHANGEL
PARS
BOCHAR.
TURCMEN.
CALMUCKI.
IURMEN.
Tanais nunc Don flu.
ASTRACAN
CIRCASSI
MARE CASPIUM olim,
nunc MARE DE BACHU
Rhutheni vocant GUALENTSCHA MORE
GILAN REGIO.
ZIRPHANSCKA REGIO
Iveria sive Grusinæ imperium
ENIA.

Hambur

MARE CASPIVM
GRAECI
MEOTIS PALVS
PEROKOPSKA
PONTVS EVXINVS
LITHVANIA
LIEFLAND
MARE SARMATIAE

en & Co.

FSC
www.fsc.org
MIX
Papier | Fördert
gute Waldnutzung
FSC® C083411

Zeitfracht Medien GmbH
Ferdinand-Jühlke-Straße 7
99095 Erfurt, Deutschland
produktsicherheit@kolibri360.de